改变自己，就是改变世界。

丛非从 著

自我成长的力量

GUANGXI NORMAL UNIVERSITY PRESS
广西师范大学出版社
·桂林·

Ziwo Chengzhang de Liliang
自我成长的力量

图书在版编目（CIP）数据

自我成长的力量 / 丛非从著. —桂林：广西师范大学出版社，2017.8（2023.12 重印）
ISBN 978-7-5495-9928-8

Ⅰ. ①自… Ⅱ. ①丛… Ⅲ. ①心理学—通俗读物 Ⅳ. ①B84-49

中国版本图书馆 CIP 数据核字（2017）第 142323 号

广西师范大学出版社出版发行
（广西桂林市五里店路 9 号　邮政编码：541004
网址：http://www.bbtpress.com）
出版人：黄轩庄
全国新华书店经销
广西广大印务有限责任公司印刷
（桂林市临桂区秧塘工业园西城大道北侧广西师范大学出版社集团有限公司创意产业园内　邮政编码：541199）
开本：880 mm × 1 240 mm　1/32
印张：11　　字数：160 千字
2017 年 8 月第 1 版　　2023 年 12 月第 11 次印刷
定价：42. 00 元

推荐序 觉察即改变

2015年，我经历了很长一段时间的低落期，焦虑抑郁到没办法上班，只能回家休息。吃药，见咨询师，自己也看了一些心理学方面的书，但并没有明显的改善。家人和我自己都很着急。我也特别想要快些好起来，但就是没有办法。后来我知道，很努力地想要越来越好，这本身就是个问题。我曾很努力地要强上进、追求完美、拼命加班、只争朝夕，然后就很累很紧张很不开心。于是身体报警了：你需要回家去休息。

也就是在那段时间，我在网上看到了丛的文章，然后通过文章追到了丛的公号，后来又上了丛的萨提亚工作坊和每周的冰山网课。时间真快，到现在已经有一年多了。这一年里，在丛的文字和课程的陪伴下，我看到自己在悄然发生变化，不是突飞猛进的，而是一点一滴的。焦虑缓解了，不再那么容易紧张，可以自在地放松下来了；容易开心了，眉头紧锁的时候少了，只为生活中细碎的小事就会笑开了花；愿意敞开了，不再习惯性地与他人保持着距离、保护着自己，而是活得更加真实，还收获了好多同样追求心灵自由和自我成长的朋友，可以互相陪伴和支持，可以彼此敞开和开怼。

于是我发现，原来生活可以那么轻松快乐。原来不是要完美要优秀才会被爱，只要真实地做自己，也是被接纳被喜欢的；原来不用刻意节食、强迫运动、打卡逼自己，也可以顺其自然变得瘦瘦美美的。相由心生是真的。我看到了美好的自己，也越来越喜欢自己。而且我还惊喜地发现，身边喜欢我的人也越来越多了呢。心中有爱，处处花开，我想是我心中的爱变多了吧。我真的开始相信并且能真切地感受到：世界和他人都在爱着我。于是多了很多温暖、很多勇气、很多力量。我不再总是压抑克制，心中的愤怒少了，更加平和了。即使有时候很生气，情绪波动得很厉害，也可以自己慢慢平复下来，而不是像过去那样，通过吃东西或者攻击自己来排解愤怒和内心的冲突。我开始一致地表达自己了，表达我的心情、我的脆弱、我的期待、我的需求，我感觉自己的价值感和值得感在慢慢提升。感情上也不再一味回避，而是敢于冒险——去尝试、去投入、去爱，然后享受甜蜜。我也可以更好地看见他人、理解他人了，我能看到他们与我的不同，也能看到相互的局限，多了对彼此的接纳和理解。理解后有包容，包容后有力量，一切都是源于爱呀。我开始意识到，我是一切的根源，爱是一切的答案。就是这样，慢慢地，生活在变得鲜活生动、丰富多彩、有声有色，温暖又美好，轻松又快乐。

从的每篇文章，每次课程，都会带着我们一起觉察。觉察是改变的开始吗？不。觉察，就是改变。就像他说的：改变，一直都是有可能的。觉察一个心理动力，会改变我们一生的轨迹。

在文字中、在课程上，也许只是一句话的触动，一颗种子便会在我们的心底埋下。当阳光雨露来临，不经意间种子就会发芽。就像自我的成长——给自己一个机会，给自己一点时间；给生命以真实与陪伴，温暖和力量。慢慢来，我们都可以，成为轻松快乐又幸福的人。

某世界500强企业人力资源部　芳芳

推荐序 黑暗中的那道光

不知道你是否有过这样的感觉：

一个人走在漆黑的小道上，孤单无助，茫然不知所措，不知方向，不清楚前面的黑暗里潜藏着什么。

就在这时候，突然有一束光出现在你的前方，给了你明确的指引。这光束，不耀眼却异常坚定，有温暖的力量。那会是怎样的一种感觉？

这种感觉出现在我第一次读丛老师文章的时候。《需要别人是一种能力》是我读到的他的第一篇文章，在这篇文章里，我看到自己在亲密关系里，因为脆弱、恐惧，因为低价值感和安全感的缺失，在勃然大怒时我会变得虚弱而不自知。我曾天真地以为，自己不表达对方就能自动满足我，而当别人做不到时，我的愤怒会让关系变得疏离淡漠，而这一切的罪魁祸首，竟是我想要说却说不出口的怯懦。其实，需要别人是一种能力，当我们表达需要，并不意味着自己比对方低，更不意味着我就失去了自我或者没有了尊严。我只是承认我在某些方面的确无能，需要你。

就这样，我清晰地看到：

真正强大的人，敢于承认自己的脆弱，而不用把自己包裹起来。敞开自己，让别人走近，关系自然会融洽起来。豁然开朗，就在一瞬间。

于是，从丛老师的文章到他的公众号、他的几本书，再到他的地面课，我一步步走近这位年轻却功力深厚的心理学专家。他的文字从不掉书袋子，也不炫技，更鲜有晦涩的专业词汇。从他的文章中，能够感受到他字里行间传递的真诚与慷慨，他希望通过文字给读者一些启发、一丝慰藉。而于我，甚至有时，还有深深的共鸣，像是与友人倾谈，舒心惬意、幡然醒悟。

丛老师的文字，无论关于爱情还是亲情，都离不开一个永恒的主题，那就是自我成长。他似乎有一种洞察能力，总是能触碰到人们内心最柔软的一隅。那个角落，之前潮湿而阴暗，没有活力，蒙覆着无法提及的忧伤，却常常在我们应对万物的时候，猝不及防地造访。他的文字会向这个角落撒下种子，那是一种激发人向上的力量，有觉察也有警醒，总有一天会开花结果，让你更有力量。你也会发现，只有自己才能真正帮助自己。

成长的快乐弥足珍贵，那是惠及一生的法宝。

从对我来说，就是黑暗中的那道光，是贫瘠的土壤里播种下的希望。

他的公号并不是日日推送，也正因如此，才保证了文章的质量。这是一种责任，更是一种发自内心的热忱。他的文字，就像这最美人间四月天的春风，缓缓在我的天地间吹拂，不急不徐，解人烦忧。我是一个金融讲师，我经常把丛的书推荐给我的学员们，因为，我喜欢也无法割舍这种陪伴，相信他们同样会如此。

此刻，我把他推荐给你，愿你也能拥有这份幸运。

金融培训讲师 张瑾

目录

○如何充满正能量，勤奋积极又阳光

在我们的生活中，如果你发现了某个人的某个问题，你的助人情结可能就会泛滥，很想改变他。最常见的就是：你想把他从一个自我否定、消极、自卑的人变成一个勤奋、积极、自信的人。也就是把一个负能量的人变得正能量起来。

当他配合你的时候，你还是有点得意的。但是更多时候你会经受挫败，当他开始说：

这些道理我都知道，但我就是做不到啊；

我知道很多改变的方法，然而并没有什么用啊；

我知道我的问题，但我就是改不了，甚至并不想改啊。

然后你爱莫能助地望着他：既然你不想改，那我也没办法。

最后弄得他很挫败，不仅原来的问题毫无减轻，还伴随产生很多自责和无奈。

即使在生活中，我们也经常遇到这种挫败感。知道的道理越多，越发现自己的问题，越是沮丧。在我们的课上就经常出现这样的人：

我知道人通过努力可以改变自己的命运，所以我要积极上进、勤奋精进，不要拖拖拉拉。可是我总是消极悲观，做不到积极努力，我就很挫败，责怪自己为什么这么不争气，最后还是做不到。

我知道人应该自信、阳光、外向、充满正能量，于是每当我开始抑郁，我就同时开始了焦虑，满满的负能量。

我还知道人应该每天锻炼身体；每天7点前起23点前睡会有利于一天的效率，于是每天早上床不愿意放我走的时候，我就痛骂它。我知道人不应该发脾气、暴躁、情绪化，可是我从来不曾控制住半分。我知道人要节制，知道人要礼貌，知道人要宽容，我知道的有很多，可我从来没做到。

很多时候，当你想强迫自己改变时，反而变得更差了。

我们为什么要这样？

当我听到了“知道了很多道理，却过不好这一生”这句话的时候，我的理解是：那是你知道得还不够多。因为你不知道为什么会这样，不知道如何打破僵局，不知道自己被固定思维局限。人在感受到自己无知的时候，恰恰才是“知道了很多道理”的时候。

那么，我们不知道的是什么？

1

反压迫是大自然和我们的规律。

“哪里有压迫，哪里就有反抗。”这句话还是很有道理的。自我有压迫，自我就有反抗。意识有压迫，潜意识就会反抗。强迫自己变得自信、外向、勤奋、好脾气，潜意识就会以更加自卑、封闭、懒惰、暴脾气来反抗。

反抗的意义是非常积极的，我们通过反抗来感受到自己的存在，证明自己是个独立的存在者，以不被他人所吞噬。

实际上压迫我们的不是自己，而是我们认同了的文化、环境和教育。

我们的意识认同了外在给我们的教育：什么是好的，什么是坏的；什么是该的，什么是不该的。我们不断被植入暗示：一个勤奋的、阳光的、开朗的人更容易获得成功，更容易被爱被接受，所以我们的意识要强迫自己变成那样，它企图通过内化外在的标准，从外到里对我们进行强迫改造。

可是潜意识不干：我这样好好的，凭什么你让我改我就改，我这样了几十年，舒服着呢。我要是改了，我就成了你的傀儡了，我还是我吗？

这种暗示无处不在，比如你妈每次都跟你说：要注意安全，要注意安全，要注意安全。直到你烦到不想再听，问题就开始出现了。你的意识已经同意了它，但你的潜意识却开始了反抗：我如果真的注意安全了，岂不被你们控制了？所以如果你愿意观察，你就会发现：不断给自己或被他人强调要注意安全的人，安全指数是最低的。

变成一个外向、勤奋的人，被称为正能量，社会的确更喜欢这样的人，但那绝不是要求来的。正能量是一个结果，而不是过程。你想变成一个正能量的人，或者想改变自己，绝不是强迫自己去做些什么，而是去问问自己：

当我做不到的时候，我的内心是有什么卡住了吗？我可以做怎样的疏通，来让自己做到呢？

比如说健康的人是讨人喜欢的，但你不能因此要求自己健康、健康、健康，然后就强迫自己健康。你要做的是检查自己，营养出了问题就调营养，生活规律出了问题就调生活规律，器官出了问题就去调器官。

2

强迫改变是对自己的不接纳和排斥。

我们对于无条件的爱有着天生的需求，因此潜意识就有一个疑问：如果我不好了，你们还会爱我吗？不会是吗？所以我不能改。我改了你们爱我很正常，我拿什么来证明我是被爱的。

我知道我任性、懒惰、消极、负能量满满，可我内心深处真不想改，改太累了。改是怎么累的呢？改的意思是：

我不喜欢现在的自己，我要变成另外一个样子。

我不喜欢现在的自己，所以我要改。

我不喜欢现在的自己，所以我要改。

我不喜欢现在的自己，所以我要改。

当我重复至少3遍的时候，你会有什么感觉？你真的要这么讨厌现在的自己吗？以至于想自己的这些面向从此消失，不再回来。不再消极、不再懒惰、不再任性。你真的要对自己如此苛刻吗？要这么不爱自己，排斥自己？

强迫自己改变，是因为我不喜欢现在的自己；不想改变，则是我需要你们来喜欢这样的我。也就是我的内心深处，有着这样的呐喊：

我渴望你们接纳我所不能接纳的自己。

然而你不能接纳自己，如此地想改变，也并非一件好事。从心理学上说，任何特质，都是两面的存在。人的消极和积极一样多，勤奋和懒惰一样多，对于一面的执着，就是对另外一面的压抑。一个对外善良的人，容易对内苛刻。一个白天阳光的人，晚上容易抑郁。如果你充满了正能量，那么，你的负能量哪去了呢？

你不允许它出来，它就被压抑。它被压抑，就会不停地涌动，想各种办法出来。也就是压抑越厉害，内耗越大，直到你崩溃，再也压不住，就成了：

我，知道。但，我做不到。不是不想做，是没有力气做。力气已经全部用在排斥自己、自我压抑了。

没有了负能量，世界上哪还有什么正能量。

在生活中，当你想改变别人的时候，你就是在说：你这个样子我是不喜欢你的，除非你变得积极正向阳光开朗优秀豁达，我才能喜欢你。听起来很像当年的妈妈，因为带条件爱的妈妈都是这么要求他的孩子的。

3

我们为什么排斥，因为评判。

我消极、自卑、拖拉、懒惰，我不喜欢这样的自己，因为我做了个评判：这是不好的。我不喜欢不好的自己。

可是，这真的是不好的吗？

消极不好吗？人没有了消极，会陷入躁狂、偏执，所以人需要通过适度的消极来调节自己的步伐。

自卑不好吗？人没有了自卑，就会陷入盲目，看不见别人，难以自我反思。

拖拉不好吗？人不拖拉，就会过度消耗自己，容易燃烧殆尽。

这感觉就像是：

汽车的作用就是跑得快，人的作用就是更成功。所以我们的改变方式就是，让发动机越来越大，汽油越来越多，但不要随便踩刹车，甚至并不需要装刹车。刹车是个什么东西，阻碍速度，增加负荷，满满的负能量，所以刹车是不好的。

作为旁观者的你，知道弄个刹车踏板和油门踏板一样重要，缺一不可。一个能全面看待问题的你，知道一个刹车不好的车，油门越厉害死得越快。

放到人生中也是一样，这些你所谓的负能量，就是刹车踏板，不仅应该存在，而且必须要存在。

不要责怪上路总是踩刹车，那不是踏板的问题，而是你谨慎的问题或者路本身的问题。路不平、上下坡较多，就需要你灵活、交替、重叠使用刹车和油门。

人生的路，也从来未平过，因此对于这两者你也需要交替使用。

你所有的特点，都是存在且有意义的，不要试着排斥它。它是你从经验里获得的很宝贵的财富，就像不要嫌弃老人不能干活只吃饭拖累社会，老人是我们时代里的智囊和宝藏。

4

如何改变。

如何让自己充满正能量。

发现了自己的很多问题，如何能够改正。

知道了很多道理，如何过好这一生。

很简单：

增加，而不是改变。

我发展我勤奋的一面，也允许我懒惰的存在。我不排斥懒惰，但我愿意同时发展勤奋。当我想勤奋的时候，我就去勤奋，当我想懒惰的时候就懒惰。

不要觉得自己会一直懒惰下去，当你不再强迫自己勤奋的时候，你就不再懒惰了。因为人的本能规律就是：充满精力的时候，就是想劳作，累的时候就是想休息。你要做的只是顺应本能和规律。

消极与积极、内向与外向也是如此。我增加另一面，但不排斥自己的这一面。这两面我同时拥有，自由切换。

这时候我想改变，不是因为我觉得自己不好而改变，而是因为我想拓宽新的经验。如此我就能轻装上阵，可成功，可失败。

那么我的人生就是丰富的。

而不是割掉一部分，拿另外的替换掉它。

因为所谓的正能量，就是我允许我有负能量。

自我接纳然后自我拓宽，是这个世界上最正能量的事情。

○是啊，他就是不爱你了

1

很多人会因为情感问题而找我。我听过的故事有：

“周末他也不回家陪我和孩子。你说他忙吧，我也理解。可是即使他回家，也是一个人在那闷着头玩手机，不怎么搭理我。他就是不爱我了。”

“离婚前我最后问他一遍：你爱过我吗？他居然说‘不爱你我干嘛要娶你。’我觉得他连个正面的回答都说不出来，就是不爱了。”

“有次我生气了。老公跟我对骂了一顿却没有哄我。我觉得：哄哄就一句话的事，为什么他不愿意做呢？这么简单，他都不做，他一定是不爱我了。”

“我怀孕了，经常一个人去做检查。我害怕极了，觉得一个男人在你脆弱的时候、去医院的时候都不陪你，是靠不住的。”

“他一点都不爱我。看到我累死累活的时候，他熟视无睹。在我痛苦挣扎的时候，他云淡风轻。在我需要陪伴的时候，他无影无踪。”

总有人觉得：

你在意什么，就会花时间在哪。你爱一个人，就会花时间陪他。你爱一个人，就会经常夸他而不舍得骂他。你爱一个人，就不会舍得让他受苦。他们有很多的“爱一个人就应该……”。

并且他们觉得这些事情都是很简单的，是举手之劳。

他们有很多的证据证明你就是可以做到的：我都做到了你也应该做到；你对别人能做到却不对我做；刚认识的那会儿能做到现在却不做了。

他们觉得，你能做到却不去做，这只能说明你不爱了。

然后就，分手吧，离婚吧。有时候只是想想，有时候会付诸行动。

这个逻辑，不知道葬送了多少亲密关系。

可是，我们该怎么定义爱呢？

我特别想同意你的看法：爱一个人，就是应该陪陪他、关注他、夸夸他、看见他、理解他。在需要的时候出现，在无助的时候满足。

这些真是很简单的事，有时候就是一句话的事嘛，就是一个简单的动作嘛。

可是他就是做不到。为什么呢？

一定是哪里出了问题。

2

没有人能对一个人“一直做到”。我们经常做这样一个实验：如果让你举一支铅笔，你能举起来吗？

so easy。

请问你能举多久？

如果你能时而拿起来，时而放下，举一生一世都是没问题的。如果你一直举着，或者在被检查到的时候需要举着，并且“连个铅笔都举不起来的时候我就不开心”。请问你能举多久呢？

路遥无轻物。一个人可以暂时性做到，可以偶尔做到，可以经常做到，却无法一直做到。

你说，我没有要他一直做到啊。

一直的意思其实是：24小时待命状态，当你需要，他就得做到。

你要的，也许就是24小时的随时可满足状态。如果他有一次没做到，你就会启动“你不爱我了”机制。

你可以问问自己：你为什么想要每次都满足，想要100分的满足呢？如果不是100分，如果某次他没有做到，那么你有原谅过他吗？

一个人愿意为另外一个人付出，不仅需要爱，更需要能量。当你疲惫的时候，有心事的时候，你就是什么都不想做，也不想管另外一个人，甚至自己都不想管，就是想看看手机、发发呆、跟别人聊聊天、做点轻松的事情。此刻的你就是没有能力、没有精力、没有心思去付出，此刻的自己就是匮乏的。那时的他就是没有能量爱你。

有时候就是有些东西比你重要。甚至都不需要理由，就是此刻不想爱了。你对一个人，没有过有时候讨厌、有时候喜欢、有时候爱、有时候烦、有时候觉得他属于自己很安全、有时候觉得他很陌生跟自己无关吗？

爱是一个动态过程。并不是24小时都在发生。

很多事情都是如此。有时候很简单，有时候很难；有时候充盈，有时候干瘪；有时候想做，有时候不想做。

恰恰你需要的那一次没有发生，你就觉得他所有时候都不爱你了。

你把此刻当成了永恒。你在幻想一个“如果爱，请深爱，请每秒都爱”的梦中情人。

3

即使他此刻是能量丰满的，如果体验不到你的悲伤，理解不了你的困境，也不会付出。

很多人会对恋人的苦楚或困境并无感觉：不就是发个烧、感个冒吗？又不是什么大病。自己去医院不好吗？浪费时间，耽误工作，我也帮不上什么忙。男人就是应该赚钱比女人多啊，女人就是应该干家务啊。男人就是应该让着女人，保护她、支撑她啊。不就是拖了个地吗？不就是没接到你电话吗？干嘛要一惊一乍的！

就像有的人无法理解整齐强迫症患者对不整齐的痛苦。觉得不就是放歪了点嘛。

这些理所当然背后，都有着这样的过程：他们体验不到对方的困境、哀伤、无奈、痛苦，理所当然地把对方看得非常强大而去要求他，或者理所当然认为他和自己一样，会觉得这是无所谓的事。

婴儿和妈妈的关系就是如此：

婴儿需要24小时的陪伴呵护，但是很多妈妈做不到。比如说有的妈妈在上班的时候，会把婴儿放到单位的育婴室，让一个阿姨看着几十个小孩子。比如说妈妈把小孩子放到幼儿园扭头就走，不管小孩子撕心裂肺地哭。比如说有妈妈看到小孩子哭了就训他说不许哭……

在小孩子的世界里，那一刻，他是多么需要妈妈，需要妈妈看见他、在他身边保护他、抱抱他、给他支持。妈妈离开的那一刻，他体验到的是坍塌，整个世界的坍塌。最重要的人保护不了他，离开他了，再也不回来了。

可是在妈妈的世界里是这样的：多大点事，哭什么哭，又不是不回来接你了。

妈妈只能看到孩子的哭，无法体验到孩子背后悲凉和痛苦挣扎的世界。因为从妈妈的角度，这的确不叫事。

但你说，妈妈不爱他吗？从小孩子的角度，此刻是不爱的；从妈妈的角度，此刻是爱的。

当小孩子长大后，遇到了同样的恋人，他的体验就是：我如此地需要你，如此的痛苦，你都置之不理。你就是不爱我了。

恋人的体验却是：多大点事。

更痛苦的是：你怎么表达痛苦，他都很难理解。

正如小孩子用尽了所有手段表达自己的痛苦，却只能换来妈妈一个：哭什么哭，小孩子哪那么多事。可妈妈还是爱着。只能说，没人能成为做到百分百爱你的妈妈。正如长大后，没人能成为做到百分百爱你的恋人。

从动机上讲，妈妈是很想爱的。我想如果妈妈那一刻有能力体验到婴儿的感受，她一定会选择拥抱。可惜婴儿不懂用妈妈能理解的方式表达。

那么，你长大后，是否能用自己的方式，让另外一个人体验到他所不理解的你的痛苦和需要，让他意识到这对你的确是件很重要的事呢？

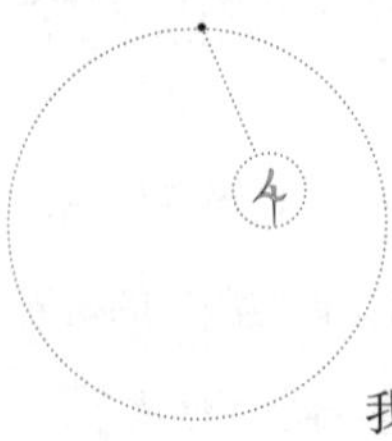

每个人都有他的创伤。

总有人给不出来，即使看起来很简单的东西。对他来说，这就是困难的。

我也从来没见过这样一个人，可以全部做到这些：既能陪伴人，又能理解人，又能低头，又能哄人，又能重视人，又能保护人，又能随叫随到……如果你见到过，我只想对你说3个字：请介绍给我！

比如说低头。一个低自尊的人，真的很难低头。他自己都非常需要被哄、被宠爱、被围绕。他给你这些的时候，就会很吃力。

比如说赞美。从小没被赞美过的人，长大了就没有赞美别人的能力。他自己都还需要被赞美。

比如说陪伴。一个没有能力陪伴自己的人，就是会把自己搞得很忙碌，或者忙工作，或者忙手机。他没办法自己待着，也就没办法跟你待着。他必须靠一个冰冷的客体来填充他的世界，来防御自己以感受到存在。

有些事客观上很简单，对有些人却是创伤体验，做不出来。比如你对妈妈说“爱”。爱就一个字，可有的人就是说不出来。可你能说这个人不爱妈妈吗?

你可以说，那我去找个在这方面容易做到的人啊。

是的。但他又会有别的创伤，又会有别的地方无法满足你。

然后你准备接着再换吗?

5

人的局限性决定了他不能每天24小时心理能量饱满。有时候他就是恰好在你需要的时候匮乏了、不想爱；有时候就是厌恶你、烦你、不爱你，甚至还需要你的爱或要你滚远点；有时候就是没有能力体察到你的虚弱和匮乏，更没办法满足你的需要；有些方面他就是有自己的创伤，即使想给也非常困难。

没有人会在365天里的每个24小时中的每1秒都全程在线地爱你。所谓天长地久，就是这样的关系被允许持续。

我有时候爱你，有时候不爱你；心理能量饱满的时候爱你，匮乏的时候不爱你；有能力发现你的痛苦和需要的时候爱你，没能力的时候不爱你；在擅长的领域里爱你，在创伤的领域里不爱你。当我不爱你的那些时候，也许需要你来爱我。

没有人会100分满足你想要的一切。我只能有时候80分满足你，有时候60分满足你，有时候0分满足你，有时候甚至0分都没有还要问你要。

当你内心特别害怕自己不被爱的时候，你就会找证据证明自己不被爱，而不会找证据证明自己是被爱的。

当你发现他不爱你了，继而感觉到痛苦绝望的时候，也许比起强迫他改变，你为自己做点什么会更容易些。当然，如果你是个厉害人物，你想继续强迫他改变，我是不会报警的。

你真正需要的是成长，是爱自己的能力，是修复自己的创伤，是放下“此刻即永恒”的心。

当他的爱给出来的时候，你安然享受被爱。

当他的爱给不出来的时候，你要学会用自己的爱为自己补上。

当他不能爱自己的时候，你也要去爱他，让他安然享受被爱。

爱是一个互相满足、动态平衡的过程。

成熟的过程就是：你发现这个世界和他都不完美，但是依然选择去爱，而不是幻想另寻完美。

相信爱，爱就会回来，虽然有时候眼前看不见。这就像是妈妈一样，妈妈并不是消失了，不要你了，她只是去上班了。她会回来的。

○从心理学看“异性之间有纯洁的友谊吗？”

1 “纯洁”是什么？

总有人在异性关系里说：我们很纯洁啊。有时候他们不是在掩饰，他们真心觉得关系很纯洁，只是友谊。

在讨论这个问题前，我们需要先讨论下：什么叫纯洁。

有杂质、混合是一种几乎必然的存在。大自然本来就不怎么相信纯洁。可量化的东西尚且难以绝对，比如说无误差、绝对零度；不可量化的存在，就更难以讨论什么纯洁了。比如什么叫单纯得只有善良？怎么可能有人只有善良没有邪恶。

友情、爱情、亲情，这三种人际交互的基本情感，必然同时存在于任何两个产生互动的个体之间。混合不同搭配，产生不同的效果。比如说“友人以上，恋人未满”“相处久了成了亲情”“红颜知己”“男人的女兄弟”“女人的男闺蜜”“第四种情感”等。就像大自然实际上只赋予了世界三种原色：红绿蓝，然后不同比例混合搭配，才形成了这个多彩的世界。如果你要提纯到单纯的红绿蓝，估计只能在实验室吧。

也就是说：

任何两个产生交互的个体，都有着爱情、友情、亲情。只是比例不同。

比例这回事就是：

到达什么程度能被你识别？

再到达什么程度你能接受？

这些全部都是主观的心理感受，是你个人化的感受和选择，没有普遍意义的标准。

心理意义上有绝对性别吗？

2

一个人在生理意义上有绝对性别，但是心理意义上并没有绝对的性别。

上帝造人的时候，在生理上设定了基因，让XY染色体和XX染色体可以量化，决定了一个人的生理性别。但是心理上，却没有区分。

心理学家荣格在这方面的描述是：

每个生理男人都有女性的一面，叫阿尼玛；每个生理女性都有男性的一面，叫阿尼姆斯。我们不拽这么专业的术语，我们只谈论你生活中非常直观的经验：

男人有女人的一面，女人也有男人的一面。

荣格的意思就是说，心理意义上，不存在纯洁的男人和女人。大家都是男人和女人的结合体。

而爱情这个东西，本来就是心理意义上的存在。只能从心理意义上探讨。

所以男人与男人、男人与女人、女人与女人，不同的生理性别的组合，都存在爱情。正如不同的职业、年龄、肤色组合都能产生爱情一样。因此不仅异性之间没有纯洁的友谊，同性之间也没有。

我们的文化禁忌，会压抑一部分本能。在我们成长的时候，会被要求按照“男人应该”“女人应该”来发展，进行性别认同教育，所以我们选择性地认同了自己的部分人格，同时也将异性特质的部分进行了压抑，然后以符合社会规则的形式表现出来。比如男人之间的勾肩喝酒、女人之间的拉手逛街，都是在合理地表达同性间的感情。

如果再进一步发展，会激发禁忌的惩罚感，就会以罪恶的形式表现出来——你想到自己居然会对同性有感觉，会有恶心感。

所有的恶心，本质上来说，就是太向往。禁忌即图腾，这是典型的反向形成。而在成长的过程中，如果没有进行过多的性别认同教育，比如说把一个男孩子放在女人堆里养、把女孩子完全当男孩子养，同性恋发生的概率就会更高。

恋爱本身就是个心理意义上的名词。处于恋爱中的，一定是心理上的男人和女人。他们的性别、年龄大小、头发长短，都是外在形式而已。

友情本身就是一种合理化了的爱情。

所以如果你介意他和异性的友情，最好同性的也介意下。这样比较保险。

3 心理意义上有绝对角色吗?

一个人在外在社会意义上有角色，但是心理意义上并没有绝对的角色。

在角色上，你可能是父母亲、子女、亲戚，但是在心理意义上，你是个男人或女人的动力要远远大于是父母子女。也就是你首先是个男人或女人，然后才是谁的爸妈、孩子。

因此爱情某种程度上是大于亲情的。大自然本来也是这么安排的：先有了爱情，后有了亲情。

只不过从常态上说，爱情的稳定性不如亲情高。因为后者有了血缘这个固定架来固定。

心理学家也做过无数研究证明，从婴儿开始，就对异性父母有了性幻想。父母对婴儿也有。这就是著名的“俄狄浦斯情结”。每个男孩在3岁的时候，这种潜意识冲动最为强烈，即想弑父娶母的幻想。女孩也是，你会发现女孩在3岁后会有意无意想推开母亲靠向父亲，会阻止母亲同父亲亲密。这就是爱情的雏形。

爱情是不分角色、年龄的。不能因为你是我老板，你比我大我就不爱你了。同理也不可能因为你是我爸、你比我大20多岁我就不爱你了。

然而这并不妨碍他们之间有血缘，有亲情。亲情都是夹杂着爱情的。或者说，亲情是在恰如其分地掩饰爱情。

亲情也夹杂着友情，不然不可能在一起愉快地玩耍。更不可能实现“把孩子当成朋友”。

父母这个角色，他们心理上也不一定常是父母。父母经常把孩子当成自己的父母，用要求“听话”等方式要求孩子来照顾自己的情绪，自己的很多心理需求需要从孩子身上得到满足。

4 爱情就是纯洁的？

并没有纯洁的爱情。心理学家哈菲尔德研究发现，爱情有两种：激情爱、伙伴爱。

激情爱就是最原始冲动的短时间爆发。伙伴爱又称为亲情爱、友情爱。两个人结婚相处久了，就是很好的朋友，就是亲人。你能说这只是爱情？友情？亲情？

结婚久了感情最不纯洁。

心理学里还有一个已经被无数次证明的定律：所有的亲密关系都是在

翻版早年母婴关系。也就是你对一个人的爱情，实际上是因为他承担了你早年母亲的功能。男人、女人找的，一定是早年的妈妈，当年妈妈没有给你的，他给你了，你就爱上他了。这个过程在《成功的恋人和成功的父母是一样的》（P292）有详细谈到。

因此爱情，也是亲情的一种延迟版。

再进一步说，纯洁的爱情只存在于幻想中。我们无法真正看见一个人，无法真正了解一个人。我们爱上的除了这个人本身，还有一大部分是我们自己用想象填充起来的。所以，当面前这个人跟我们想象的部分有差异的时候，我们就会跟他产生冲突。因为我们爱上的除了他，更是那个我们使用理想化创造出来的人。

这很好理解，我们爱猫爱狗爱范冰冰。你并不了解他们真实的内心，实际上你只是一厢情愿地把一个理想化的爱人形象安在了面前这个对象身上。

5 忠诚存在吗？

异性之间没有纯洁的友情，恋人之间也没有纯洁的爱情，亲人之间也没有纯洁的亲情。纯洁，只是一种理想化的不可实现的状态。

即使你处在一段恋爱、婚姻关系里，你依然会对伴侣之外的人产生心动、冲动、幻想，这就是哈菲尔德说的激情爱。人可以不谈恋爱，不结婚，但不可能不产生爱情。

那么，恋人之间究竟存在忠诚、专一吗？

遗憾的是，不存在。人可以控制自己的行为，不去跟别人上床或接吻。但不可能控制自己的感情不产生冲动。精神出轨是种必然不可控、不受意志力支配的行为。你还要去用意志力要求吗？那就像是要求某人做梦不要梦见其他异性一样。

所谓忠诚，只不过是恋人之间原始安全感匮乏的一种补偿。我们无法确定自己是值得一直被爱的，也不相信自己和对方，所以要拿婚姻、忠诚、专一、誓言等外在形式来固定一下感情。我们太怕它不稳定了。

因此强调忠诚，本身就是对感情不稳定性的一种确信而产生的外在补偿。

当然，婚姻还有其他社会意义和功能，我们不讨论。补偿不稳定感只是它的功能之一。

要求伴侣绝对忠诚，你必然失败。即使他同意了，他自己说了也不算。人的本能、潜意识并不受意识支配。语言是受意识支配的。但意识能支配的范围太有限了。

有人会反驳：我的确对他/她没冲动，没想法，也不想跟她在一起啊！

是的。你们之间只是没有称为“男朋友”或“女朋友”而已，你不能说是没有爱情。

正如有人问：男女之间有纯洁的友谊吗？我只能答：有，越丑越纯洁。

因为丑到根本不想谈恋爱。但是再丑也有爱情。一个人丑，你还跟他有往来，一定是他有外表之外的东西满足了你，让你有动力维系彼此的关系。

人与人之间只要有连接，就会有感情。只要有感情，就会有爱情。

所以，爱了就大胆地承认，别整些“友人以上，恋人未满”“第四种情感”“我和他没什么”“我们虽然是异性朋友，但是很纯洁”之类的话来掩饰爱情，这最多叫：

我对你有感情，但是你还没有到达能和我谈恋爱的级别。

这个很好判断：假如你可以有1000个伴侣，你会考虑把他/她算一个不?

因为爱人只能有一个，所以你要掩饰。你掩饰的好处是很多的。比如说可以防御自己“花心”“混蛋”“流氓”的罪恶感，继续假装自己是个好人。比如说不会吓着对方。再比如说，防止被某某人揍。

爱人只能有一个，但是爱情对象，必然有很多。只是由于意识和潜意识里的某些原因，我们只能假装有一个有名分的，其他的爱情对象就必须以冲动、友情、炮友、知己等名词来掩饰。当然，不是故意的，这是潜意识。

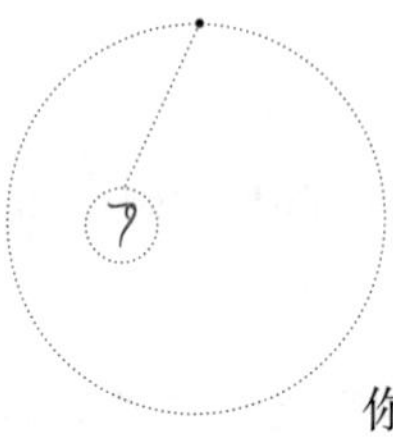

该如何面对感情?

最后我们就要重复一开始的问题了：你对别人的感情到达什么程度能被你识别？再到达什么程度你能接受？你的伴侣对别人的感情到达什么程度你能接受?

然后行为上选择性地节制。

是“度”的问题，不是有没有的问题。而“度”，就是你说了算了。

最后，就是别太较真、别强迫、别追求绝对的安全和纯洁，不然你会把关系作得惨惨的。

接纳自己的不完美？

——别瞎扯了好吗

不是成为神，而是愿意成为人。

我收到很多反馈，觉得丛这个人很真实很接地气——无论反馈者是朋友、学员还是读者。我想了想我哪真实了，于是搜集了他们这么说的证据：

我在群里和大家讨论我不喜欢××人，因为他太爱装。他们说：啊，你学心理学的也有不喜欢的人啊。

我说是啊，因为我喜欢装，所以我讨厌比我还无底线装的人。他们说：啊，你学心理学的还能承认自己装啊。

我说我不仅喜欢装，我还庸俗地以赚很多钱为荣。他们说：啊，你学心理学的也这么在乎钱？

我写了个文暴露了我是如何攻击朋友的。他们说：啊，你是学心理学的，怎么能这么攻击别人呢？

我经常在课里讲我的抑郁史。他们说：啊，你也会自卑啊，你也会抑郁啊。

有人问我：你是个心理咨询师，你会发火吗？我说：我一般不会发火的……但是，我发起火来很不一般哦。

好像我是个心理咨询师，我就应该是个神似的。你们有的心理问题，我就不应该有吗？

心理学的目的不是让人成为神，而是让想成为神的人愿意成为人。

我觉得学了心理学后，我的人格没有什么太大改变，想愤怒的时候还是愤怒，想装的时候还是喜欢装，想抑郁的时候还是会抑郁。不同的是：

态度变了。我可以大大方方地放飞自我，不再自我攻击，不再跟自己对抗了。反之，我还挺喜欢这样的自己，所以我可以大胆表现。我发现生活更加轻松快乐，更加单纯了。能力变了，我具有了判断情境的能力，可以在合适的情境里去选择这样或者不这样。

这就是他们看到的真实吧。

2

你以为的不完美，正是你完美的体现。

存在即积极，问题即资源。

所有的存在都是有积极意义的，所有的问题都是一种资源。我们这些特质恰好构成了我们的独一无二。

比如说愤怒。我当然要对人发火，适度的愤怒是跟人连接的有效途径。我又跟一个朋友吵架了，她说：你以前说对不起的时候，我觉得很疏远，现在你骂我的时候，我反而觉得很开心。你说我是不是有病啊。

我跟她讨论：说“对不起”是一种客气，潜意识是想跟你划清界限，客气就是一种推开。而骂你，是我对你有期待，是一种想走近。你的潜意识里能感受到我骂你的时候想要跟你连接的需求。

发火是一种与人连接的方式。当我们没有能力直接表达“我需要你”的时候，就会用愤怒表达需要。如果你面对一个没有能力跟你发火的人，你会发现你没有办法走进他。

如果一个人跟我交往从来不发火，我会觉得他没有信任过我。

比如说伤害别人。发火过度了有时候的确会伤害到别人。可是那又怎样呢？伤害别人是不可以的吗？伤害别人就没有好处吗？当我相信我们的关系不会因为一点点伤害就破裂的时候，你会发现关系其实是更近了的。

我用个更高级的词表达伤害吧：敢爱敢恨。不敢恨、不敢伤害别人的人他真的敢爱吗?

一个人如果跟你说“你知道吗，我从来不敢伤害你”，你会有什么感觉呢？你会不舒服吗？如果有，那个不舒服就是：他把你当弱者了，他没有真诚、自由地跟你相处。

比如说抑郁。我喜欢自己的抑郁，抑郁是如此让人美丽。不，形容男人用“帅气”会好听点。抑郁让人对感受更加敏感，更能和自己在一起，更能安抚自己。如果我不抑郁了，我就很容易离开自己，去忙碌外在的事情，忽视了自己。此刻，抑郁就会说：来吧，看看你自己。

比如说装。我人生中一大快乐的源头就是装啊，装让我快乐，我为什么不去做呢？我跟快乐有仇吗？何况这是一个无公害的行为。当然也会有人因为我装而受伤，那是他想装却不允许自己庸俗。

比如说内向。我喜欢自己的内向啊。外向的人都在忙着交际、销售，内向的人都在忙着思考和写作。我如果是个交际达人，我能安安静静坐下来写作吗？比起这疯那闯的人，我更喜欢安静写作的自己。有的人内向不写作，他可以搞科研啊，可以搞艺术啊，总之可以发挥自己特质的地方太多了。但有的人内向却觉得内向本身没什么好的，那他一定是忙着想该怎么外向，没时间看到自己的资源。

比如说我生活自理能力差。我以前特别羡慕我一个同学会生活，一个大男生生活得那么有情调，让我羡慕了4年。直到大学毕业后又4年他来上我的课，说：我现在有点密集恐惧。我就呵呵哒，释然了。我知道他的密集恐惧，来自于压力大和强迫症。

一个非要把生活过得精致干净的人，要耗费多大心力啊。我还是把有限的精力放到无限的创作里吧，收拾家务交给我家保洁就好了。

比如说我哭鼻子。有人说，啊，男生也哭啊。我倒觉得：你不觉得没有能力哭的男人更可怕吗？一个压抑了自己委屈、脆弱的男人，要么会自闭抽离，要么会反向形成控制，非常强势。

当然不要跟我抬杠，这里有个度的问题。健康的人格是灵活的，他能通过判断现实情境来适度发挥自己的特点，通过理性适度控制，而不是不顾情境地无限纵容或发泄。比如说不建议你在他人奄奄一息的时候还要愤怒，在自己就要绝望放弃的时候还要抑郁，在穷困潦倒的人面前装，在结婚喜宴上悲伤哭泣。这多少有点失去了现实检验能力的精神分裂征兆了。

我们所有的存在，都是一种资源，也是一种伤害。你愿意关注哪面，你就会使用哪面。

愤怒既有伤害，又有连接。自责既有痛苦，又有动力。内向既有创造力，又让人失去了一定交际能力。好脾气看起来很好，整洁看起来舒服，却让人每天很累，你不觉得累是因为你不懂得用更多时间玩的人有多享受。

你看，我有这么多积极的特质，这么多好用的资源。

人本来就是完美的，为什么要去说他不完美，然后再大发慈悲“去接纳”呢？

为你的不完美庆祝吧。

3 你的痛苦，可能都是自己习得的批判。

我们受的教育让我们学会了很多“应该”：人应该上进，应该外向，应该开朗，应该脾气好，应该……

然后我们认同了这些模板，也开始了对自己的切割。我们努力把自己打造成符合社会好青年标准的人，做这些所谓“对的、好的”事情。

可是我们还是做不到全部。

然后一小部分人学了心理学、成功学、白富美学等，他们学会了更多应该：人应该接纳自己的不完美，应该爱自己，应该……

于是心理学变成了一个新的社会好青年的模板。然后我们发现自己还是做不到，然后陷入了更深的自责和焦虑。

这些人到我的课上来，有的人我会直接建议他们：别学了，学而不思则罔。学却不思考为什么学和学了干什么，那就会出问题的。

只要我们还在评判，我们就在切割自己，杀死自己，成为一个模板化的人物。但我们的本能是活出自己，是活着啊，怎么能允许你随便杀死自己。所以我们就难以变得好起来。意识上通过教育而想改变，但潜意识活出自己的动力并不想改变。

评判的意思是：我们通过对外在标准的认同，定义了哪些是好的，哪些是坏的。

比如说低调谦卑、大度没脾气、自信快乐、外向开朗、坚强不哭是好的，装、小气、愤怒、自卑、抑郁、内向、爱哭是坏的。我们不停评判自己，也会去评判他人。我们不停地拿所谓的好的标准要求自己，也会要求他人。

不断被要求，只会让人感觉不爽。评判也是。

有时候想想，人其实挺自虐的，这么折磨自己。不过自虐也有好处，你从小就处在被要求改变改变改变的环境里，被阉割被虐待，长大了你也只能继续这种不停要求自己改变改变改变的感觉，通过自虐，找到一点存在感。这是这种自虐行为的积极意义。

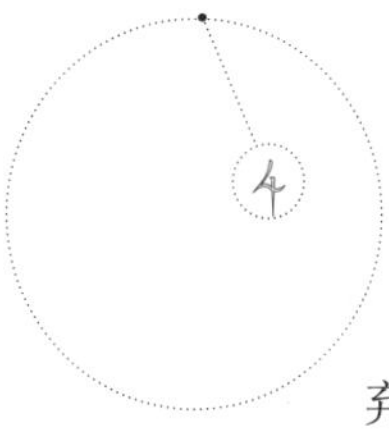

我们通常会对某些行为特质，持四种态度：

① 排斥它。讨厌它，跟它做对；想弄死它、改掉它。然后一直在战斗，战斗休止的时候就感觉自己自暴自弃了。我们会不停地在心里呐喊：我不要做一个懒惰差劲内向讨好的人！你改啊！改啊！！改！改！！改！！！

② 接纳它。好吧，我依然不喜欢它，但是改不了了，我决定接受我就是这个鬼样子。虽然我不喜欢，但是我接纳它是属于我的一部分，我不急着跟它战斗了。“接纳”，多少有些认命的感觉。

③ 欣赏它。我不去排斥的时候，我突然发现，哎，其实这个特质给我带来了哪些哪些好处，还让我得到了某些别人没有的东西，我开始有点喜欢和欣赏它了。比如因为愤怒的能力，让我变得更加真实了。

④ 庆祝它。幸好有它，我才成了独一无二的我，才成就了今天的我，才组成了完美的我。在心里默默为自己庆祝：啊！幸亏我是个装的人，让我找到了这么多快乐。幸亏我是个内向的人，才让我的人生变得更深邃。

在庆祝层面里，当你允许自己和利用自己的时候，你会发现你能知道度在哪里，是你在利用特质而不是特质在利用你，它是你良好的创造工具。

比如说愤怒，当你不再排斥自己居然会有情绪的时候，你畅快淋漓发完火，开始看见情境和他人，关系便开始升温。但是如果你一直排斥自己的愤怒，你跟他人的关系就会一直卡在那里一动不动。

为自己庆祝，不但不会让自己堕落或被纵容，反而能让自己更灵活。

当然，成为独一无二也是有不好的一面的：你会失去一定安全感和群体认同感。成为群体里那个独特的人意味着什么，你知道的。

5

不嫌弃现在的自己，就是成长。

喜欢去别人待烦了的地方，然后把它叫旅行。

喜欢去睡别人睡腻了的人，然后把它叫偷情。

喜欢变成别人讨厌的样子，然后把它叫成长。

为什么不去喜欢自己正生活的地方，正在睡的人，正拥有的特质呢？

你可以尝试去更多的地方看看，能走多远都是很好的，但不要觉得一定走多远才正常。不讨厌自己生活的地方，于是那才有可能是一场美丽的旅行。你可以发展出更多的人格面向，但不是一定要实现哪些特质。不嫌弃现在的自己，于是这才是一场幸福的成长。

然后走遍了千山万水，发现月还是故乡明。虽然这个城市有诸多不好，但是你会选择定居在这里，说明综合来看，没有比它更好的。

变来变去，发现还是现在的自己好。那干嘛不庆祝？

接纳自己的不完美？

庆祝吧，接纳简直弱爆了。

庆祝自己的不完美。

如果你非要说这是不完美的话。

○世上并没有性格这玩意儿，

只有压力下的应对模式

1 性格是个有必要存在的词吗?

我听到很多人在责怪自己的性格不好，懦弱、内向、不自信、暴躁、悲观等。也听到很多人在情感关系中责怪他人的性格不好而选择了离开。然后有了很多的性格测试，来检查你是个什么性格的人，仿佛知道了自己的性格，就掌握了什么密匙一样。

性格这个东西，在我们眼里仿佛是不可改变的，所以当我们知道了自己或他人的性格不够理想时，会显得有些沮丧和绝望，以至于想不到要去改变它。何况很多言论也在给予我们性格不可改变的暗示：江山易改，禀性难移。

然而我对这些观点倒不是很同意。在这个连性别都能改的年代，性格有什么不好改的。

我有几个现实性的观察来支持这一想法：

① 性格不是天性，是后天习得的。既然是后天习得的，就有更改的可能性。不然你告诉我，婴儿的性格是什么，是暴躁还是不自信？是勇敢还是谨慎？

② 我们每个人在不同的情境下有不同的性格，也会在面对不同人的时候有不同的性格。你会在工作里勇敢，却会在感情上懦弱；你会在面对陌生人的时候侃侃而谈外向得不得了，却在面对心仪姑娘的时候内向到半天憋不出一句话来；你对待恋人的时候会暴躁，对待孩子的时候会强势，对待朋友的时候却宽容。

③ 我们每个人都具备所有的性格。你有乐观，也有悲观；你有外向，也有内向；你有善良，也有邪恶；你有豁达，也有计较。处事洒脱，疑神疑鬼，患得患失，异想天开，多愁善感，见利忘义，瞻前顾后，循规

蹈矩，热心助人，快言快语，少言寡语，爱管闲事，追求刺激，豪放不羁，你哪个没有过呢？

从这3点来推断，我们有理由重新做个反思：性格的本质是什么？性格是稳定的吗？性格和人的关系是什么？性格好改吗？怎么改？甚至，性格这个词真的有必要存在吗？

起码，把性格这么个交叉混乱、稳定值较低的心理现象作为一个恒定的标签，并不恰当。

我们喜欢把自己定义为“我是一个××样的人”，当人不断给自己植入这种暗示的时候，就会陷入僵化固着，限制个人的发展。当然潜意识让你这么做也是有它的道理的，当你不断如此给自己贴标签的时候，你仿佛找到了自己的位置，仿佛能够隐身于某种更大的不可抗拒的力量，找到了归属感和不改变的理由。

2 性格的本质。

以我们常用的这几个词：懦弱、内向、暴躁、乐观等为例。

这其实是我们在压力状态下惯性的反应模式。我们受伤的经验多了，做起事来就会谨慎、小心、畏畏缩缩，看起来是懦弱的。如果说一个人懦弱，可能他在某个领域里感知到的挫败比较多，对结果的危险度评估高于常态值，而他要根据自己的评估来做出反应。只不过是你没经历过他的伤，所以以你的标准看他是懦弱的。如果你的自评是懦弱，我猜你是在跟常态值做比较，而不是结合自己的经验在比较。在没有受伤的领域里，他可能比谁都勇敢。他只是受过伤，于是被我们的文化贴了个标签，叫懦弱。

内向也是如此，对于人际交往的危险度和困难值评估高于常态值，就被贴此标签。

脾气暴躁的人，会对谁都如此吗？显然不是，总有一两个能让他安全到耐心说话的人。暴躁的人是因为在沟通中被忽视过多，在他的经验里正常交流是无法引起别人的重视的，所以他会惯性地启用高浓度的沟通方式来引起对方的注意。你在一个坑里掉过几次，你也会习惯性地绕开它走，即使后来那个坑没了。

强势也是如此，如果我不把自己假装到强大不可被伤害，你们就会来伤害我。因为我不相信有人会保护我，在经验里那些该保护我的人，尤其是早年的父母，都没有尽到保护我的义务，没有人保护过我，没有人真正爱过我，所以我只能把自己搞到看起来很强大来保护自己免受伤害。就像发炎一样，看起来肿得很大，其实只是因为积液过多。

乐观则是经验里对希望、成功的达成度比较高，心想事成的次数比较多，正向的强化比较多。再进一步正向强化，就容易形成盲目乐观。比如说史玉柱，年轻的时候做啥成啥，所以就盲目乐观，敢不用银行贷款就盖巨人大厦，结果，就从首富沦落成首负了。

性格只是一种生存之道。我们在某个领域里经受了某种同样的刺激强化后，我们就摸索出来了一条生存之道让我们更好地活了下来。我们活下来后，情境和周围的人都会发生变化，但我们的潜意识会保留当时的应对模式，到了新情境里，就成了应对不良的惯性模式，就被称为不好的性格。

这些经验越是来自早期，越容易固化。你在童年尤其是幼年时期跟父母的相处关系中，摸索出了应对他们给的压力的方式，也就是我们长大后习得的应对方式，我们称之为性格。比如说从小就被父母要求这样那样的人，就会尝试反抗，反抗经验成功的人就被认为创造力强或强势，反抗经验失败而躲起来不动的，则容易被认为是懦弱或谨慎。

3 如何改变。

性格是一种压力下惯有的应对模式，既然能习得，就可更改。

改变的方式很简单，只要修通他的经验就可以了。进行积极正向的经验训练，人的潜意识就开始适应当下的环境，发展新的应对模式。

比如如何让关系中暴躁的人不暴躁。他不相信正常说话是可以被注意到的，不相信自己小声说话是可以被听到的。那就让他相信呀，每当他开始表达，你就给予积极、认真的倾听和回应。如果你觉得这很难，你就在他暴躁后告诉他，我看到你了，你对我来说很重要，我也知道你此刻很需要我。这样表达看见的话语，会让他软下来。可是，你如果给他负面的强化，批评他之类的，告诉他：你的表达方式不仅我听不到，而且我还要消灭掉你这种表达方式，至于什么方式有效，你自己重新去摸索吧。这对他来说无疑是残忍的。

让自己的脾气不再暴躁也很简单，就是听见自己，看见自己。总会有人忽视你，当别人忽视你的时候，你愿意听到自己的声音吗？你愿意看到那个害怕被忽视的自己吗？你愿意在别人忽视的时候，照顾一下自己吗？

你长大了，你有能力照顾自己了。当你尝试去安抚那个害怕被忽视的小孩的时候，你对被别人看见的需求就会降低，你的暴躁值也会降低。

改变消极、悲观也是如此，就是调整对现实可实现性的评估。重新感知并强化美好，不断地发现：世界不仅有困难，还有简单和美好。之前经历太多失败的人是不容易看到美好的，但是你可以重新帮助他发现美好的一面。

当这个城市天天下雨，你就会养成自动带伞的习惯，这是你对自己的保护。当你换了个城市，或当城市的气候发生变化的时候，你依然会惯性地撑伞保护自己。然后就会有人责怪你有毛病，性格不好。也许你也同意了，但是你就是不太敢出门不带伞。而当有人愿意给你一点阳光，你就会放下自己的伞抬头看看天，琢磨是否有必要一直撑下去。当没有人给你这束阳光的时候，我也邀请你睁开眼看看当下这个真实的世界，它已经不是以前你经历的那样，你长大了，一切都不一样了，已经有很多改变发生。你已经不再是那个“弱不禁雨”的自己，那么，你是否能尝试着放下一点点保护，来适应新的情境呢？

4

人的成功，归根结底就是性格的成功，性格的成功就是人是否具有在压力状态下能灵活应对的心理能力。无须再给自己植入性格不好、不可改变、我完蛋了之类的暗示，只要睁开眼，或者给一束光，然后看看这个真实的世界，就是另一片天。

○我想爱你所不能爱的自己

1

如果问我有什么办法可以让一个人从内心深处感动，我会觉得是爱他所不能爱的自己。我们能给一个人最深的爱，也是爱他所不能爱的自己。在内心深处与一个人建立强大的连接，还是爱他所不能爱的自己。

2

一个姑娘曾经问我，如何挽回男人的心。我问她：他有哪些自己不能接纳的部分？

姑娘说，他各方面都很优秀，独立、坚强、事业成功。我就问她：那他依赖、脆弱、不成功的部分哪去了？

姑娘愕然。

一个人不可能只有好，没有不好。一个人如果只有好，只有一种可能，他把不好的那部分藏起来了，不让人看到，甚至会藏得不让自己看到。这样他就能只把好的一面呈现给别人看了。

在这个男人的经验里：独立、坚强、优秀才是被人爱的。他太想被爱，所以那些不好的方面，必须要改掉。他用强迫自己的方式改掉：人不能脆弱，人不能依赖，人不能平庸。

可是这部分是每个人都有的，不可能改掉，只可能压抑。只能偷偷露出，或者在梦里，或者在某个瞬间，或者在一个人的角落。因为他的经验告诉他，这部分是不被爱的，不被欢迎的，不被允许的，所以你要藏好。

这样的人多少有些爱无能，不懂爱。

他可以对你很好，因为他懂责任，懂该怎么做，满足你、宠着你、让你依赖。你也欣赏他、赞美他、爱他。他觉得这就很好，因为他的努力都得到了有效的回应。但是他没有办法把自己交给你，没有办法在你面前呈现自己的脆弱。于是你看不到，便以为他没有。

他不知道，也不会去想：你爱的到底是我的坚强和优秀，还是我本身？

如果你爱的是我本身，那我脆弱依赖的部分，也是被你爱的吗？

不，不是的。那部分，我自己都不爱。你也一定跟我一样，嫌弃那部分。因为你从来没爱过我那部分，所以你肯定也是嫌弃它的。

脆弱、依赖、平庸的那部分不被你爱，你就无法走进他的心。

而那部分，他不愿意呈现给你，但是你发现了，仍去爱他，他会非常感动。那部分就是：**我爱坚强的你，也爱脆弱的你；我爱成功的你，也爱平凡的你；我爱独立的你，也爱依赖的你。**

当你脆弱、依赖、无助的时候，我依然跟你在一起，不仅不评判，说你这样不好，反而发现这样的你别有风味，非常可爱，是另外一种美。

那么他将透过你的眼睛发现：我是值得被爱的。

3

也有一个同学在课上问过我类似的问题：如何让男友别那么忙着工作，更爱我？

我问她：如果他没有钱了，破产了，你愿意养他一辈子吗？

她说：我男友也问我这个问题。两三年还行，时间长了谁愿意呀，他一个大男人凭什么要我一直养啊。

——那么他当然不敢把你放得比事业重要。事业比你靠谱多了。

在男人的心里有个担忧：我有天没钱了，你会嫌弃我吗？

这个男友之所以有这样的担忧，是因为他自己都嫌弃没钱的自己，不爱自己的这部分。

我们大多数人都有这样的潜意识里的担忧：如果我不好了，你还爱我吗？如果我不相信我不好了你依然爱我，我就不敢把我交给你。

“我爱你有钱的样子。”“你哪天没有钱我也会很爱你。”

这两种爱是不一样的。前者，是你爱他所爱的自己；后者，是你爱他不能爱的自己。

如果你说，我爱他的全部啊。不管有钱、没钱，他的优点、缺点，我都是爱的。

那么，他知道吗？

这不是靠语言表达出来的，而是当他失意沮丧的时候，怀疑自己的时候，讨厌自己、自责的时候，你是否有看到，并且接纳他的这部分：即使你没做好，我也会一直在你身边爱着你。

4

我有这样一个朋友。他好心建议一个姑娘怎样祛除痘痘，怎样减肥，怎样改变自己的生活习惯，却遭到了姑娘的冷遇。他很不解。

大多数时候我们向另外一个人诉说自己的某些缺点或缺陷的时候，都会有个隐藏的疑问：这样糟糕的我是值得被爱的吗？这时候你的建议是在告诉他：这样的你是不会被爱的。你只有变得瘦起来、美起来，你才会被爱。你不改变，当下的你就会被别人讨厌。

所以本质上来说，这种建议就是对别人的一种否定。给人建议，得是在对方主动发出信号并且真诚地需要你的建议的时候，才是好的。

试试这3句话：

“虽然你长得胖，又有痘痘，但是你很漂亮也很有气质呀。”

“你可以通过运动、见营养师来减肥祛痘呀。”

“我喜欢有痘痘的你，这样的你看起来不浮夸，真实。我也喜欢没痘痘的你，那样的你看起来比较清楚。我喜欢你，和你有关，和痘痘无关。”

如果是你，你会更愿意对说哪句话的人敞开自己？

如果你能爱她不能爱的自己，不是去发现她的其他优点，而是去爱她的痘痘或肥胖，你能让她感受到即使她有痘痘也是被喜欢的，胖一点也是被喜欢的。那么她将通过你的眼睛看到：即使这样的我，也是可爱的，值得被爱的。

这样一种值得被爱的自信，将是一种正能量。而这种能量又会通过她的眼睛散发出来传递给更多人。**一个自信、充满爱的人，要比美和瘦更加容易获得好的关系和幸福感。**

5

人有很多不能爱自己的部分。

我们活在这个世界上，不断被别人评判着；更重要的是，我们不断评判着自己。

我们内心中住着一个大法官，一住几十年。它不断告诉我们哪些是好的，哪些是不好的；哪些是会被人爱的，哪些是不会被人爱的。

我们努力想隐藏自己，改变自己，因为我们不相信这样的自己是值得被别人爱的。

其实别人不爱我们，本质上来说，都是因为我们不爱这样的自己。

我们不爱懒惰的自己，不爱长痘痘的自己，不爱拖延的自己，不爱不上进的自己，不爱软弱的自己。我们就把这种心理投射出来，认为别人跟我们一样，都不爱这样的自己。

但，假如我们开始爱这样的自己，发现懒惰是一种享受，拖延是一种不刻板的自由，不上进是一种淡定的生活状态，软弱是一种可爱，它们就不再是我的缺点，而是我独一无二的特点。那么我将允许自己懒惰、拖延、软弱，如果一辈子如此，我将感觉到骄傲。

就像一个允许自己可以偶尔不工作，拿出时间来陪恋人、打游戏的人，他可能会被称为懒惰，但他喜欢这样的自己，虽然也有人会嫌弃他，但是他也会遇到喜欢这样的他的人。一个敢于在人前哭泣，表达自己无助的人，有人会看不惯他的脆弱，但是他也会遇到爱这样的他的人。

你愿意相信每一个你，都是会有人爱的吗？

我爱你，有三个境界：

① 我爱你的优点。你的优秀、美丽、独立、坚强，都让我由衷地欣赏，让我感觉你很棒。

② 我爱你的优点，也爱你的缺点。我同意这是你的缺点，是你不好的地方，但我是接受的。

③ 我爱你，在我的眼里，你浑身都是优点。透过我的眼睛，你将发

现你所谓的缺点，都是你闪光的优点。透过我的眼睛，你发现了独一无二的你。透过我的眼睛，你开始接纳自己所不能接纳的自己。透过我的眼睛，你开始欣赏一直被你嫌弃的自己。

我爱你，借助于我的眼睛，你成为了你自己。

是的，我们每个人都是独一无二的存在。所有的特点都让我们更加独一无二。我们自己不能发现的时候，我们就会爱上那个能够发现它的人。

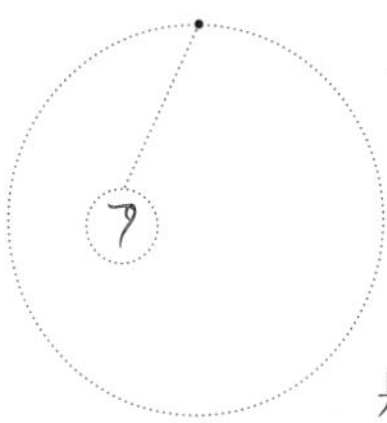

一道光，放到光亮的地方，显得有些多余，但是放到黑暗的地方，它将意义非凡。

我爱你，绝不只是欣赏你的优点或接纳你的缺点；而是爱你所认为的自己的短板，爱你所不能爱的自己。

我爱大家都爱的你，也爱大家都不爱的你；我爱你所骄傲的自己，也爱你所不爱的自己。

○理解一个人，就是把他放到他的背景里去

1

理解他人的过程，就是走出自我中心的过程，也是长大的过程，发现每个人都平等的过程。基于你发现了每个人都是平等的，你就不会对人有过高期待，也不会对人有太失望的感觉，也就不会有怨恨。同时，你也深刻理解了他人。

怨恨的意思是：我想要，但我没得到；你应该给我且你有能力给我，但是你没有做。而成人的过程就是：我想要，但我没有得到；你应该给我，但是你没有做。你没有做是因为你没有能力给我，而不是你不想。所以我原谅你，不怨你，并且愿意给你我的理解和慈悲。

我们会发现，没有人是神。大家都有自己的无奈和悲哀。

可是我们常常迟迟不愿意长大，以至于把抱怨、怨恨延伸到了生活的方方面面，对伴侣、对父母、对领导、对偶像、对孩子，甚至对自己。

2

比如在伴侣关系中。

有的人会对伴侣充满不满和抱怨，责怪伴侣这没做好，那没做好。又是没责任心，又是不够理解体贴。

我认识一对情侣。女孩对男孩有着还不错的感情，却执意要离开他，因为失望。女孩无数次问男孩：你将来想做什么，你有什么追求，你对人生的规划是怎样的，对我们的规划又是怎样的。男孩通常都是避而不答，或者轻声说道：没有规划，以你为主。每每这时候，女孩就感到悲凉，为什么男孩没有一点责任心，为什么这么无所谓这段感情，为什么口口声声说着爱，却连把自己划进他的规划里都没有做到。男孩也很痛苦，为什么他这么爱她，她却不信任他，总是苦苦相逼。

我理解女孩的地方在于，她是个有追求的人，却屡屡实现不了自己的追求。所以她需要一个人来转嫁自己的需求，通过男朋友也有梦想这点，来找点慰藉。

我带着女孩一起同男孩玩了OH卡（一种根据“自由联想”“投射”原理设计出的探索心理与潜意识的卡牌工具。由一位德国心理学学者和一位墨西哥裔艺术家共同研发。——编者注），探索了男孩没有规划背后的潜意识是什么。我们慢慢探索到，男孩不敢有规划，不能有规划，规划是个令他恐惧的东西。女孩很惊讶也很不解为什么他会对梦想这么美好的东西有这么多排斥。

我们继续探索OH卡的时候，男孩呈现了他的原生家庭：

在他成长的过程中，每当他有自己的想法、自己的打算的时候，都会被强行打乱。因为他的父母会替他做各种决定，灌输给他什么是好的、对的，什么是坏的、错的，他只有执行的份，不能有独立的思考。一个人，如果他每次尝试都受到无情的打击，他就会学会乖乖地不再尝试，时间一久，就会形成习得性无助。因此他不能有梦想，他保持了最纯真的善良，也放弃了自己的主张。

探索完这些后，女孩泣不成声。她深深感动于男孩的坚强，在如此的环境下他依然一路走来，并且还能有一颗勇敢去爱的心。他需要的是有人陪伴他重新发展出梦想，而不是指责他没有梦想。这和爱不爱没有关系，这只是他的经验导致他的思考方式如此，是他隐隐的伤。而她从来没认真地看待过他的这一面。

为什么她会看不到他的这一面呢？我也带她做了OH卡，探索了她的潜意识。她很心疼父母的劳累，想给他们一个未来。办法就是努力成就自己。因此她要设立目标，达成目标。她的经历告诉了她：人只有规划好道路，才能走得好；人没有规划，只能说没有责任心，不在乎。所以她怨男孩。

男孩也理解了她的怨，这背后有着太深的担忧：怕自己没有前途，怕自己是个不上进的人，觉得没有梦想就等于不爱她。

关系的和解有时候很简单，就是要能看到彼此内心深处的脆弱。当你能看到那部分脆弱的时候，你就不会再去怨恨对方。因为你知道了不是他不想给，而是没有能力给；你也知道了，其实他是想给的，是爱着的。你看到了脆弱，同时也就看到了脆弱之下的爱。

而我们不愿意看到这些，是因为我们用自己的经验去理解对方，把对方当成了完全富足的人，把对方理想化为了绝对成人，从而毫不顾及他的成长背景、他的性格特质对他的限制。

因此我常说，理解一个人，不仅仅是站在他的角度替他思考，而是把他放到他的成长环境里去理解他的人格，他为什么形成了这样的特质，他的什么经历导致了他这样。当你看到那些无奈后，你心中就生起了慈悲和爱。

正如，你会抱怨一棵小树为什么长得不直，瘦弱，这么不争气，不好好做一棵树。但当你发现小树的根部压着一块巨大的石头的时候，你才会由衷地被它的顽强折服：在如此的困境下，它都能找到适合自己的生存方式，顽强地长大。

我们和父母的关系。

这可能是人类怨恨的一个雏形。在小孩子的眼里，妈妈是掌握了生存资料者，因此她是绝对正确的，而且是绝对有能力的。婴儿天生就理所当然地想向母亲索取，妈妈也该有足够的奶水和爱供给他的成长。当这个妈妈没有满足他的时候，他就会生出怨。

如果你去回忆和观察，你会发现很多奇怪的事被我们解读为不爱：有的人被严格要求，不能有自己的主见、爱好，全部得听家长的。有的人被忽视，因为爸妈工作忙等。总之父母犯的种种错，导致了我们现在心理创伤不断。

从我们的角度出发，他们的确没做好，不是一个好爸或者好妈。一些很简单粗暴的错误，他们都残忍地犯了，剥夺了我们在敏感期该培养出来的特质，让我们花费了大量的时间去学心理学，填补自己的缺失，或者以更大的牺牲，企图在伴侣那里重新获得满足。我们会恨父母的种种。即使你嘴上说不恨父母，我更愿意说是强烈的道德感让你不敢去承认这种恨。

因为真正不恨的标志应该是这样的：妈妈（爸爸），我同情你，心疼你。

因为你会发现他们的成长经历，决定了他们已经最优化地做到了如此。你的妈妈也曾经是个婴儿，在她长大的环境里，接受了那个年代的各种不幸——没学上、孩子多、被忽视、被暴力、被控制、被各种要求，都是常有之事。他们经历战争、饥荒、社会动荡，在那个年代巨大的扭曲下他们想活下来，只有以扭曲点心理功能作为代价。然后他们带着扭曲的心，努力地养育了你。他们想要的心理营养，他们作为人脆弱的部分，基本全部被忽视，没有得到过满足。

甚至他们中年以后，作为一个中年的男人或女人，也尽是无奈。我也是在学了很多年心理学后，回家才第一次敢跟我妈讨论她的人生，她这些年的委屈、恐惧以及对于她老公的不信任。当我共情一个历经沧桑的女人的脆弱和悲哀的时候，我看到她默默地流下了泪，觉得很心酸。这个女人这些年活成这样也够拼的，她内心深处有一个没有被满足的小孩，从来没有被看到过。她无数次用控制、抱怨来尝试发出需求的呐喊，却一次次被孩子们说“妈你别唠叨了”，被老公附和着说“你妈就是这样的人”。作为一个中年女人，不能被老公理解，不能向自己的父母再去索取，她唯一的寄托可能就是从孩子这里获得点什么。她也不想把压力施加下去，可是，人的潜意识会让自己的需求通过各种可能性来寻求满足，她不知道也无法控制。

当我发现她不仅是个妈，更是个女人的时候——我觉得这个女人的一生很可怜，我愿意去爱她而不是再去怨她。虽然我爱她的方式不一定是靠近她听她唠叨，当然这可能也是一种好方法。

4

我们对领导、单位、政府、权威也是如此。领导就是父母的一个象征延伸品。我们期待着领导能做出英明的决定，为我们负责，从来不出错。如果他做得不好，我们就抱怨。我们对他们的这些期待，就像是婴儿对妈妈的期待一样。可我们从来没有想过：他们也是人，有着自己的无奈。他们和我们是平等的，大家只是角色不一样，能力有些不一样，但作为人的部分，我们却是非常一样的。

萨提亚常说：我们都是同一生命力的见证。作为人，我们98%的部分都是相同的。我们经历怎样的过去，就会发展出怎样的处事方式，怎样的人格。

因此当你面对一个看不惯的人，对一个人有愤怒感的时候，通常是这样的：你用自己的视角审视了他——应该很简单就做到的事他却没有做。但是你把他放到他的成长背景里去，马上就会发现，其实他已经很努力很认真了。

我的一个案主也是如此。她刚来的时候，我对她充满了愤怒，她经常不理我，问话也不回答，低头玩手机。这种没有回应的对话，是很挑战我耐心的。但是我访谈得知她的背景后，顿时平静了下来：她十分担心犯错，连说话都是。因此她会有社交障碍，见人紧张，因为她不知道手往哪里放才是对的，话该怎么回答才不会错！然后我就想：她是有一个控制欲多么强的妈，才会被长期压抑成如此谨小慎微。

用督导的话说就是：一个狮子座的女生，被培养成了小绵羊，也是醉了。听到这句话的时候，我的愤怒已经完全转化为了心疼。

5

萨提亚相信人性本善。人本来的动力就是积极向上的，我们所愤怒、抱怨、怨恨的，不过是该那么做的他却没有做。实际上我们只是没有发现，他的确是没有能力这么做，虽然你有时候很难理解他为什么没有能力那么做，觉得他明明是有的呀。

那也只是“你觉得”，从你的背景里看，他“应该”是有的。但是你需要把他放到三个背景里去看：

① 童年成长背景。他的童年成长背景是怎样塑造了他的行为模式、人格特质和能力。他小时候经历过什么？这些会对他有哪些影响？他有过哪些创伤？他的能力跟你有哪些不同？他的想法跟你有哪些不同？

② 你们的关系背景。你们是什么关系？你们有哪些共同的磨合和经历？长期的互动过程中，彼此间形成了哪些你不知道的印象。你清楚你是什么样的人，有哪些经历，在意哪些与不在意哪些，他知道吗？

③ 事件的背景。同样一件事，你们的相关经验、经历、能力、理解、思维等都是一样的吗？

当你将他放到这3个背景下，如果你依旧发现，他有能力去做但他就是不去做，那么除了要故意气死你外，我是想不到其他理由。可他为什么要气死你呢？

最后就是，理解和喜欢是两个概念。我不喜欢你，但我深刻地懂了你后我就不会再对你有情绪。我理解了你的局限，就不会再去期待，也就没有怨，没有恨，没有讨厌。因此，我也认识到我应该去寻求真正能给我满足的对象。

○ 我为什么
有时候
不回你消息？

1

我有一个比较好的朋友，异性，共同语言多，联系也比较频繁。每当想到我们的关系的时候，我都觉得很温暖。因为在她面前，我感觉我是被接纳的，我是可以做自己的。

其中最让我感到温暖的一件事就是：她的消息，我有时候及时回，有时候很晚回，有时候不回。对此我不必担心她会感觉到受伤，因为我知道她相信我。因为她心里有一个信念：重要的事，你都会回；不重要的事，你不回也会看得到。

更重要的是，她相信在我这里，她是重要的。所以不需要用“及时回”和“一定回”来证明她的重要性。

2

但曾经不是这样的。我们认识3年多了，曾经有过一次非常严重的冲突，以至于她决定让友谊的小船进行一下侧翻。冲突的原因就是，她实在无法接受我随机回消息。为此，作为两个“正常人”，我们交换了彼此的意见。

某：我能接受你不及时回消息，毕竟每个人都有忙的时候，我还不至于无理取闹。但是隔了两三天还是没回是怎么回事？难道你连个厕所都没上？如果你上厕所却还没回我，只能说明我不如上厕所重要，不如工作重要，不如ABCD重要，只能说明你一点都不在乎我……

丛：朋友圈都说了，不回微信的原因有很多种：忙别的去了然后就忘了；想着一会儿回然后就忘了；我正在想怎么回还没想出来撂一边了；看书去了手机在另一个角落懒得动然后就忘了……原因有100个，不一定是你不重要啊，也不一定是我不在乎你啊。

某：100个借口。

丛：我不是不想回啊，我是能力有限真回不了。

这理由找得，说出来的时候无力又无奈，开始的时候自己都不相信。不回消息也叫能力有限？但是冥冥中是有那么种感觉，的确是没能力回。这就像是在生活中，我无数次告诉自己不要拖延，多大点事；不要犯某个小错误，多大点事，但还是会不能自已地犯。就像从小学到现在屡屡提醒自己“不要粗心，多简单的题”，但还是会无法避免地粗心。

有太多事看起来简单，但是做起来就是有难度，也不知道难度在哪，但就是做不好。也不是因为态度不端正或能力不行，但就是做不好，做不到。

这就像是按时起床，一次两次没有任何难度。但是长期以来，你会发现总有一种神秘力量把你紧紧吸在床上，自责了N多回，毒誓也发了很多回，但还是不战而败。能力问题吗？态度问题吗？不重视吗？“只要你真心想起你一定起得来”——这是鸡汤学，有毒。还有减肥，你能说一个控制不住嘴迈不开腿的人不是真心想减肥吗？体验过的人才知道。

这次争执，以拉黑结束。某说：你不是不爱回吗？以后你永远不用回了。

3

幸好这是两个学心理学的，能启动“非正常”模式，进入心理模式重新进行交流。

我们深入探讨了她为什么会这么在意我回不回消息，为什么她这么容易感觉到不被重视，为什么我明明重视她，她却不相信，总找我不重视她的证据。

如果一个人心里装着“我不值得被在乎”，无论你多在乎他，他都会找到你不够在乎他的证据。即使回消息这个事做得天衣无缝，他也会在其他事情上经常发现自己不被在乎。这就是强迫性重复，人一定要反复找证据以体验某种熟悉的感觉，才觉得有存在感。

她放下指责模式后，开始看自己了。她说：

“我看到了自己作为家里姥姥不疼舅舅不爱的老二，一直都不是重要的。我从来没有放弃努力成为家里最重要、最受宠爱的那个人，以至于在童年结束后的现在，我依然重复在同样的模式里。

“我也想成为你那里最重要的那个人，即使我是在和你的工作比，和你其他朋友比。我一直努力在各种场合追求优秀，让别人在意我，就是为了让自己显得重要。同样我希望自己在你心中也很重要。

“但我从小就没体验到过我是重要的，其实我也很难相信我在别人眼中是重要的。所以你一再表达我对你来说很重要，我也能看到你做了很多，但我依然无法真正地去相信这一点。”

然后，她就哭了。对她来说，我不回她消息，激活了她早年不被重视的感觉，在我这里得到了重现。一个人如果内心觉得自己不够重要，他就需要反复确认自己是不是重要的，并且总去找到自己不够重要的证据，然后迁怒于对方。这其实就是把对早年照料者不重视他们的恨转移到了当下的人身上。

那一刻，我只不过是成了她对妈妈的恨的一个发泄口。这叫移情。

4

我跟她谈起了我内心深处的感觉，经常觉得每次回她消息我都很有压力，很烦躁。不想回，却不得不回。很想放弃这段关系。

我不得不承认，有时候就是不想回你消息，没有恶意，不是因为忙或者忘了，也与你重要与否无关，而是单纯地心烦不想回。只是此刻自己的心情都不想照顾，再强迫自己照顾另外一个人的心情就会让我很烦。

有时候就是单纯地不想回，但是我又知道如果我不回她就会乱想会伤心。所以出于对她的照顾我就惯性地委屈下自己而回了。这个委屈自己对我来说是那么熟悉，以至于当我不去刻意觉察，我都发现不了我又委屈了自己。

这个模式在我的生活里已经重复了无数遍：

我难以拒绝别人。对别人的要求，我有时候会感觉到压力但是又不得不去做，因为怕别人失望，不开心。自己也不想矫情，强迫一下自己还是可以去做的。所以我常常委屈自己去满足别人。

然而我的内心深处依然讨厌被要求，被强迫。我渴望自由，但是又常常不敢承担自由的代价，害怕拒绝别人会伤害到别人。所以我会惯性地委屈自己。

这种强迫，让我想到了我爸对我的强迫。大学的时候，我爸经常嫌弃我不接电话。他经常说：打电话你不接，给你配个电话有什么用。

那时候我很沮丧，因为手机是他买的，我无力反驳。每次都要及时接电话让我感觉到被强迫。我做不了什么，所以我只能把那种被强迫的反感压到潜意识里。在谈恋爱后，女朋友也非常介意我不回消息，这种感觉就被加固，慢慢地我形成了固有印象：只要你不回消息，别人就会不开心。所以无论你想不想回，你都要及时回。

这是一种惯有的自我强迫与想反抗的强迫。

所以如果我看到了却没回你消息，那是因为我在你面前感受到了自由，相信你会允许我做自己。然而你却没有允许我，这再一次让我感受到了我一直都在被别人各种强迫着。这重复了我早年的模式，让我把你当成了我爸。

5

我们两个人，因为不同的创伤被激活，而产生了矛盾。

看到了却不回消息，这激活了她不重要、不被在乎、被忽视的创伤。一个人如果早年有很多不重要、被忽视的经验，他长大后就很怕这些，对不被重视、不被在乎就容易敏感。

看到了就必须要回消息，这激活了我被强迫、被控制的创伤。一个人如果小时候被要求过多却无力拒绝，他长大后就会很烦各种要求，无法拒绝但就是很烦。

一个在索取重要性，一个在索取自由。然而两人谁都不知道自己在干什么，所以矛盾。

成年后关系的很多矛盾，其实都是因为两个人不了解彼此内心深处的伤，都根据自己的经验理解对方，才会对对方很生气很失望。其实，他们都看不到对方内心真实的那部分脆弱，只沉浸在自己的脆弱里索取着。

6

我相信我对你来说是重要的，所以你不回我，我也不会怀疑和乱想。

我相信我对你来说是不重要的，所以你不回我，我觉得也正常无所谓。

我不相信我对你来说是重要的，所以我才期待你随时回，以证明我对你来说是重要的。

所以我对于不熟悉的人，才是及时回的，生怕别人觉得自己不重要——因为本来就不重要，所以才要照顾一下他，怕他有这样的感觉。我说我们这关系，一起经历了这么多事，彼此安慰了这么多年，你还要再怀疑我们的关系，再怀疑在我的世界里你是否是重要的，我都想抽你了。我两年不回你消息，你都不该对自己的重要性有一点点怀疑。

然后她就笑了，找到了很多她认为很重要的证据。她说：

虽然你不及时回复我消息，但其实很多消息我也是一时冲动发的，如果特别需要回复的，我会多说几遍。我觉得重要的，很需要的时候你也都回我了。而且我情绪不好的时候，你总是能第一时间觉察。即使隔着电话，你依然能觉察到我的需要和情绪，所以我知道我对你来说很重要。

我说：你又哭又笑的样子，真的很难看，你知道吗？

7

经过这次深度交流，友谊的小船差点升级为爱情的巨轮，鉴于“不找同行谈恋爱”的基础原则，就只好升级成友谊的骨灰了。

后来，她还是喜欢发一串消息给我，我想回就回，不想回就不回。她相信，我即使不回，也看得到。我相信，即使我不回，她也不会觉得被忽视。我觉得温暖，觉得被接纳。所以当我回的时候，我一定是轻松自在和幸福的。对这段关系，我也倍加珍惜。

回重要人的消息，本来是件愉悦的事。但是依然没有人能做到每条都回复，总有忘了回或不想回的时候。每当这时候被给予了“你必须回，不然老子很生气”的威胁后，我就有了压力，回消息就开始变质了，从温暖升级为强迫。内心会有微弱的的反感，我为了你强迫了自己N次，就有了敌意，会在下一次以别的事件为出口发泄出来。所以“我期待你一定要回消息”的能量传递到对方那里去，是会增加其他事的矛盾的。

我可以回也可以不回你消息，因为我知道，在你面前，我可以自由地做自己，并被你允许。我必须回你消息，就意味着在你面前，我每次都不能自由地做自己，我必须时时都要以照顾好你的感受为先，自己在后。

哪样的关系更长久呢?

小时候学习，每当作者说窗帘是蓝色的，我就最烦语文老师说“这代表了作者忧郁的心情”。长大后和人相处，有时候我只是单纯地不想回消息而已，最烦“这代表了你不重视我”。

只要咱不再这么乱关联，友谊和爱情都能更持久一些。

这篇文章只是提供一种可能性的视角。不回消息的可能性有很多，有时候对方真的觉得你不重要而不想回，有时候是觉得你重要但消息不重要而不想回，有时候是因为某种原因没能回成。

一个成熟的人，应该具有识别现实情境具体是怎么回事的能力，而不是一味地陷入“因为我不重要”或“因为你不够重视我”的情绪里。

是内耗让你活得特别累

1

你有没有这样的经验：

经常觉得累，觉得压力大，但其实也没干什么。

经常觉得活着没意思，不知道自己到底想要什么。

有时候清楚了自己要什么，有了努力方向，还没怎么干呢，就累了。

即便打了鸡血，但坚持不了多久，鸡血就干了。

这实际上是因为你内耗了。人的精力是有限的，当你内耗过多的时候，你外在能投入生产的自然就少了。这时候你想想外面的事，什么都还没干，一想，就已经累了。

2

内耗的很大原因来自于你内心的要强，想要变得优秀。

你想要的优秀很多，大致列举如下：

你想要好的成绩。虽然你想要的不是大富大贵，但是你总容易对自己的现状不满意，希望自己事情做得更好，有更优秀的成绩，有好的品位、长相、学识……

你总是对自己的习惯不满意，想要好的习惯。希望自己能够坚持健身、节食、规律睡眠、做事有始有终、有执行力、有时间规划……

你总是对自己的性格不满意，想要很多好的人格特质。希望自己是个勇敢、坚强、乐观、勤劳、充实、果断……的人。

有时候你会在看到别人的时候，默默羡慕，寻思着我也想有这些。有时候你会在看到自己不够好的时候，感到丝丝心凉，想要努力改变自己。更多的时候，你都在跟自己默默较劲：我要变得优秀起来！

也许你没有刻意罗列过你到底想要哪些优秀。但是这种默默较劲的感觉，我想你一定不陌生。

你想要的优秀很多。你的应对方式通常就是打鸡血，鼓励自己，要求自己，鞭策自己，骂自己，不停地给自己偷偷设定目标，涵盖方方面面，结果越来越累。你马不停蹄地在改变改变改变，努力努力努力，即使你的身体没有在努力，但是你的心却没有一刻放弃过努力。于是你就内耗了。

你想要做的越多，目标越是庞大，渺小感就越是强烈，无力感就越是强烈。

3

在现实生活中，你追求更好、更优秀，想有某项好的特质是没有问题的，但是如果你一定要追求，就有问题了。

首先，这对自己的伤害是巨大的。

尽管你在努力追求优秀，但不可否认的是，糟糕也一定会发生。因为没人可以做到事事、时时优秀。即使不一定发生了糟糕的事，但只要你的标准和参照物有问题，你就很容易体验到糟糕。

每当你体验到糟糕，你会怎么对待自己呢？即每当你体验到差劲、懒惰、懦弱、拖延、虚度了时间、做错了事、早睡失败等的时候，你会怎么对待自己呢？

通常，你会告诉自己这是不好的，不对的。于是你开始讨厌自己，嫌弃自己，骂自己，恨不得扔掉自己，杀死自己。这时候你就没有活在自己里了，而是活在幻想里：要是我能够实现另外一个理想的自己，该有多好啊。

“一定要优秀”的心越强，你越会排斥并体验到不优秀的自己。

拼命排斥，却摆脱不了。你体内就有两股真气在抵抗：一个说，我就是发生了；一个说，不许发生啊。世界上最艰难的战斗莫过如此。

这就是内耗。内耗让你精疲力竭，让你的生活越来越不快乐。

人最大的内耗就是对自己的排斥。差劲让人痛苦，比起差劲更让人痛苦的是对自己差劲的排斥。

鉴于你的某些心理问题，其实你体验到糟糕的概率和时间都是非常大或者多的，远远多于对优秀的体验。所以多数时候你的潜意识里都因在进行自我排斥而内耗着。

代价的第二个方面就是内耗对他人伤害也很大。你越是内耗，你心情越容易糟糕，情绪容量越低，对别人的宽容度就越低，对别人的要求会越高，这时候你也看不到别人的承受能力，只知道一味地去要求。但是别人不是你啊，不像你这么能强迫自己，慢慢就不想跟你一起玩耍了，就这样你伤害了你们的关系，失去了他。

4

有人说，那难道就不追求了吗？难道追求优秀、负责任、充实、勤劳、坚强这些都是错的吗？

不是的。追求优秀成绩、好的习惯和好的品质是很好的。让人痛苦的不是追求本身，而是对追求的执着。如果你的追求超出了能力范围，不符合情境，你的挫败是必然的。

当没有体验到优秀的时候，你怎么对自己就很重要了。你能允许自己有时候就是不好吗？你能允许自己有时候做错、表现差吗？你能允许自己有时候不完美吗？你如果说，能啊，那，这次能允许吗？

健康的状态是：优秀了的时候享受，糟糕的时候接受；有精力的时候努力，没精力的时候休息。接受A和-A交替存在，才是一个常态。更多时候，它是不受你控制的，不经意间-A就发生了。如果它一定会发生，为什么不是这次呢？

想变好是可以的，可是不好了也别难为自己。好了更好，不好也没关系，也是可以的。你愿意优秀很好，但是你别讨厌差劲啊。

当你允许这种事发生的时候，你就不再排斥自己了，不再跟自己较劲了。内耗降低，对外的精力就最大化了，反而你会越做越好。

举个例子。明明该学习了，却控制不了打游戏，那是因为接纳人的自制力有限。既然都打上了，安心打一会儿就好，不必自责。自责时学习效率更低。

明明该闭嘴减肥，却还是吃上了。吃了你就安心吃呗，下次再注意。自控力固然是好品质，但是没有人能一直都自控成功。自责了，就没有精力留给自控力了，就更没有力气和信心减肥了。所以别要求自己时时、事事都能强迫自己。

人生如此多艰，糟糕在所难免。糟糕后，还嫌弃自己，就是内耗；糟糕后，原谅并安慰自己，就是积攒能量了。

5

如果你可以接纳自己，不再排斥自己，那恭喜你，这时候你终于可以正视自己一下了。你开始活在自己里，跟自己呆着了，内耗也就拿掉了。

你依然可以追求优秀，只是当体验到不优秀的时候别再排斥自己。你可以和你的糟糕在一起，然后努力，而不是先花时间去排斥它。

不再大量内耗的时候，你的优秀反而容易自然发生。

轻而易举的优秀，是轻松快乐的优秀。可是文化和童年都给了你一种艰难的印象——要优秀，就要苦大仇深，你不相信优秀也可以轻松快乐。

当你愿意活在自己里、跟自己待着的时候，真正的自我反思才可能开始，成长也才会开始。

○妈妈是怎么“杀死”你的

我们来说点妈妈的坏话吧。

我们说妈妈坏话的意思不是要责怪妈妈，而是说，你可以不用再那么听话了。

妈妈教会了我们很多，虽然不全是她意识里想教我们的东西，但是，她的确是教会了。

当我们出生的时候，妈妈就开始“杀死”我们了：她不允许我们成为自己、做自己。比如说：

1 不能闲着，不能悠然自得。

我年轻的时候，一度有个幻想：面朝大海，春暖花开。当然现在我也不老，却已经开始承认现实，那种生活我过不来。虽然现在我有钱有时间有自由，但我还是喜欢忙碌的生活。

因为我不能闲着，不能不工作，不能什么都不干。这感觉就像是我刚辞职soho的时候，吓得要命，每天心里惶惶的，不知如何度日。

我发现生活中很多人都跟我一样：不能闲着。有了时间一定要充满，哪怕是窝在家里看肥皂剧、打扫房间、耍手机、各种闹腾。总之不能停下来闲着。

我常想，如果闲下来，什么都不干，就这么静静地坐上三天三夜，会怎么样。我试了一下，浑身就像要爆炸一样，弥漫着焦虑、罪恶、自责，大有蹉跎了岁月，挥霍了黄金的感觉。

因为妈妈从我很小的时候就对我说——不能闲着。

从小时候起我就不能闲着。在家里，我要是敢闲着什么都不干，通常是以下几种结果：① 被数落，被教育。大致意思就是韶华这么宝贵，你怎么能闲着什么都不干呢？然后你默默地恐慌着，好像自己成了罪人一样。② 当爸妈看你闲着的时候他们会自动安排你干这干那，不允许你有闲着的时间。③ 谁也没安排你，但是他们就是忙里忙外的，然后你看着。当所有人都在忙，而你闲着的时候，你会感觉到被这个世界抛弃了。

于是潜意识里逐渐就形成了：闲着是罪恶的，是不被允许的。而长大了它会一直延续。

当然妈妈不是故意的，但妈妈塑造的那个环境就是让你形成了“闲着是罪恶的”这样一种意识。

2 不能悲伤。

妈妈有很多途径让孩子学会不能快乐。比如最常见的这种：“我对你没什么要求，就是希望你能快乐。”这句话真是有致命的杀伤力。因为这句话背后有个强烈的声音就是“我都对你这么好、这么宽容了，我唯一的要求你不能满足吗？”所以你都不好意思不快乐了，你如果有点悲伤，你就对不起妈妈了，所以你不能有悲伤，不能有不快乐。

我经常在我们课堂里举这个例子：如果妈妈从小就跟你说，我对你没有别的要求，唯一的要求就是你要穿红毛衣，你要是穿红毛衣，妈妈就很开心、很知足了。这句话被意识和潜意识重复20多年后，你会有什么感觉呢？

你只有在不穿红毛衣的时候，才能感觉到那是自己；但是你不穿红毛衣，你就会感觉对不起妈妈。所以你就会在有人的时候穿上红毛衣，而当真正属于自己的时候，才偷偷穿件蓝色的。

长大后就成了这样：在人前，我总是很快乐的样子，我没有什么烦恼啊。但是只有夜深人静的时候我才知道：我喜欢舔舐伤口的感觉，我喜欢孤独的自己，我喜欢自己待着。虽然有哀伤，虽然我不怎么喜欢哀伤，但我就是会不自觉地沉浸在难过里。

那个快乐的自己，是你们要求的。那个难过的自己，被压抑了那么多年，不被人看见，才是真正的我。

所以我在人面前，从来不展现悲伤、从来不展现烦恼，我笑着面对每个人，他们也都很喜欢我。但是他们无法触摸到真正的我。因为我认为他们都跟妈妈一样——只喜欢快乐的我。

如果妈妈没有容器一般的能力来接纳孩子的悲伤、烦恼、不快乐，就会禁止孩子这部分显现出来。一旦妈妈有了“不快乐是不好的”信念，她为了维护自己好妈妈的形象，就会自动无视孩子的那部分，而孩子为了表达忠诚，就学会了认同妈妈，不允许自己悲伤。

有些人总是不快乐，没有缘由，其实就是因为这是他们唯一可以反抗妈妈、感受到自己存在的方式。因为我快乐了，就是被妈妈控制了，成为了她要求的那个人。

有的妈妈会更直接：不许哭，小孩子家有什么好难过的！

不能享受。

妈妈的潜意识里常常有句话：你要是敢享受，我就敢骂你。

比如你打游戏打嗨了的时候，玩泥巴玩尽兴了的时候，看电视看疯了的时候，睡懒觉不想起床的时候……当你敢于投入享受某一件事的时候，妈妈的威胁一定会伴随而来。你懂的。

但是当你过得很辛苦或者很痛苦的时候，比如说学习的时候，写作业的时候，做家务的时候，不想睡却不得不强迫自己按时间躺床上的时候，不想起却不得不起的时候，这时候却恰恰会安全地得到妈妈的爱。你也懂的。

潜意识不知道什么是对错，潜意识只知道安全和享受。安全大于享受。

如果安全和享受发生了冲突，潜意识就会选择安全而放弃享受。即：痛苦的事是安全的，享受的事是危险的。

所以我们长大后就形成了：要把自己搞得很奋进很努力很吃苦，才觉得踏实。因为安全。有点享受生活的时候，罪恶感啊、焦虑啊就伴随而来。

因为妈妈当年一直用行为和语言告诉我们：那是不对的。

当然，妈妈为了孩子的身体、视力等着想，会阻止孩子看电视、打游戏。但是阻止的方式很重要，是气冲冲地使用霸权控制、阉割快乐，还是在没有剥夺快乐并肯定那部分的基础上不含敌意地解决?

这也是为什么一个人在家里擦地板的时候看不得另外一人在看电视：我还没有享受呢，你凭什么享受?

4 不能优秀，要做个失败者。

妈妈一直说的是你要优秀，但是妈妈也同时在说你不能优秀。

因为妈妈在做这几件事：

她常说不能骄傲，可是骄傲是优秀伴随而来的自然体验。不能骄傲的意思，就是你不能体验到自己是优秀的。你要看到自己还没做到的部分，这样你就体验不到自己是优秀的了。所以虽然你大学毕业，有份工作，能养活自己，健康年轻，但你只能盯着自己没有的部分，然后给自己一个loser的标签，说好听了叫谦虚，只不过伴随自卑发作。

她会只跟你不优秀的那部分连接。你优秀的部分，妈妈是视而不见的，比如说你考了99分，做对了很多题等等。妈妈只愿意搭理你你不优秀的那部分：那一分哪去了?这次怎么回事?

我们都知道，潜意识里，坏关系也比没关系强。

你优秀了，妈妈就不搭理你；你不优秀了，妈妈才搭理你。

你要是感觉到自己优秀了，妈妈的爱就没了啊。所以你只能通过自己不优秀，来感受到些许的爱。

所以很多人的一生都要这样度过：

一直追求优秀，但绝不能感觉到自己是优秀的。

即使一时感觉到了，你也必须建立更大的目标吞噬掉它，以感觉到自己还是不够优秀。

这就是听妈妈的话。

5

不能做自己，不能有需求，不能有感觉。

“我想吃这块糖，我喜欢这个布娃娃。”“这是叔叔家的，要有礼貌，不能拿。”

“妈妈他打我。”“一定是你做错了什么，他才打你。”

我现在经常见到这样的对话，感觉特别心酸。妈妈有很多的标准、要求，来让孩子执行，却从来不管他的需要和渴望。

对很多妈妈来说，做对了才重要，你感觉好不好不重要。她们也会那么要求孩子：要有礼貌，要对别人好，要反思自己……至于孩子此刻的感受是什么、需求是什么，是委屈了还是生气了，难过了还是孤独了，是想被陪伴还是被安慰，是想被理解还是被表扬，并不重要，你按要求做了就好。

所以我们长大后都成了“白骨精”，懂得人情世事、懂得礼貌、懂得规矩。但是，我们不相信有人可以真正满足我们。甚至，我们不知道自己想要什么。

我生不生气不重要，重要的是：人要讲理、人要懂事。而不能有主见，不能重要，不能独立。

6

“听话。”

这两个字，深深烙在了多少人的记忆里，像一个魔咒一样，贯穿在妈妈剥夺孩子主见的一生的过程中。

我常常想问妈妈们：你在要求孩子听你话的时候，考虑过他的感受吗？你有同等地对待过他，听过他的话吗？

听话的意思就是：你是不重要的，我才是重要的，你要满足我。

你是不配有主见，有独立思考能力的，我才是有绝对主见的人。

你是不能拥有对自己的权力的，我是你的主人，我才拥有支配你的权力。

所以我们长大后，就开始相信专家，倾向权威，讨好领导，听话照做。在人际关系中，我们也处处照顾别人的感受，以别人为重，生怕伤害到他人。

于是，我们真的成为了遵纪守法、符合社会规范要求的、不敢犯错的好公民。

怕犯错，其实就是不能有主见。

什么叫错呢？错是谁规定的呢？大家公认的啊，其实那就是权威，就是父母的象征。

我不配有自己的判断标准，我要服从大众这个父母。

长大后，有人要是敢对他好，敢对他说：我听你的，你就是中心啊。

你就吓死他了。因为他一面渴望自己被围绕，被关注；一面，他又无法接受自己是中心位置，这会令他更加不知所措。

所以他就只能说：随便啊。

或者不让自己爬到更近于领导的位置。

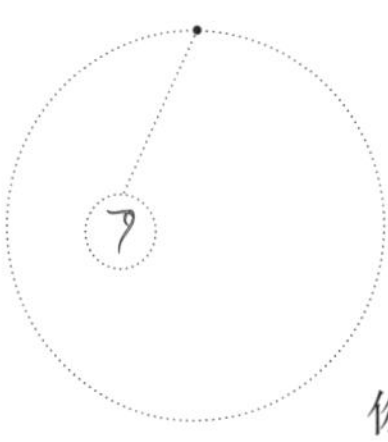

不能依赖，不能亲近，不能有人爱。

我们成长课里很多同学讲起他们妈妈的时候，常常让我觉得毛骨悚然：

你要自己做，妈妈是不能帮你的。因为妈妈不能一辈子都帮你，所以你要学会独立。

妈妈的意思是：你有个妈妈，但是孩子你要记得，连最亲密的人你都不能依赖。跟你有血缘关系的、生你养你的这个人，都靠不住，没有人是靠得住的。

所以这个娃长大后就非常独立自主，修得了马桶、换得了灯泡，不需要别人帮忙。其实是因为他不知道如何向别人发出需要的请求，甚至会想不到：啊，人还可以需要别人啊。

恶劣一点就是：有人爱他，他根本不会相信。

我妈妈都不愿意爱我，你怎么可能一直爱我呢？这肯定是假的，暂时的。

我有个学员讲过一个故事：5岁的儿子要她帮他穿裤子。这个妈妈就在旁边看着说：你自己穿，妈妈是不能一直帮你的。

然后儿子就委屈地哭了：妈妈，你不相信我。

我问这个妈妈：你是不是看不得他有一个很爱他，很会温暖他，很体贴他，愿意为他服务的妈妈呀？因为你从小就没得到过，你怎么能让你儿子有母爱的感觉呢？

然后她瞬间泪奔。

我歌颂母亲，母爱是伟大的。我从来不怀疑母亲这种存在的伟大。

除了妈妈给孩子提供吃穿这种表面的爱，潜意识里，还有更深的爱。

更深的爱就是：我怎么对自己，我就怎么对你。

妈妈自己不允许自己有的感觉，也不会允许你有。妈妈自己没得到的，也不想让你得到。因为她的潜意识里觉得：那是危险的。

她要保护你。

你爱妈妈，或者更准确地说，是你需要妈妈。所以你就会无意识地很听她的话，因为这样你才能活下来。

所以你就成了跟她一样的人，即使看起来形式上不像，本质却都是一样的。

妈妈剥夺了一个人原本的样子，按照她潜意识的框架塑造了一个人，规定了哪些是该做的，哪些是不该做的；哪些是该有的感觉，哪些是不该有的。

所以你只能接受：从你出生开始，妈妈就在慢慢“杀死”那个真正的你。

但你可以选择复活，让自己活过来，让从小就被杀死的那个自己活过来。

因为当你长大后，你拥有了照顾自己的能力，妈妈无意间对你的那些要挟和限制，都不复存在了。

你可以重新选择，为自己而活。哪些是你想留下的，哪些是你想替换的。你可以有新的自己，最初的自己，一直不被允许的那个自己。

这也就是那句鸡汤非常动人的原因。

“Be yourself，成为你自己。”

最后我想说的是：我歌颂母亲，但既不回避她带给我们的种种伤害，也不忽视她对我们的种种付出，应该看到她在全力以赴的状态下，已经做到了最好。她有她的局限，她除了是母亲，还是一个受过伤的小女孩，一个没有学习过心理学的人。她伤害过我，也爱我。

说到这，我想到了我的妈妈。我想分享一个我的故事。

我小时候，偶尔会感冒。我们家是这样的：感冒发烧了就一定要去诊所挂吊瓶，因为好得快。

病了、不舒服了就要吃药，按说明书上的最大剂量吃。

妈妈没接受过什么医学教育，只能靠经验和想象。有效但是却造成了我身体不可磨灭的伤害。我该怎么办呢？

○你这么要强，一定没人好好宠过你吧

每当面对他们的时候，我都觉得很心疼。他们有过多大的创伤，才不得不在长大后努力用要强的方式来保护自己。

一个人小时候从来没有抬起过头，长大后就一直要抬着头。

小时候没有被低头对待过，他潜意识里就没有习得低头的经验。

这就是成长环境带来的创伤。如果一个人小时候在家里以及大环境里，他的意见多数时候是无效的，甚至是不被允许的；如果他很多时候都是在被控制，经常被要求执行命令或者是受到因过度照顾而形成的控制，那么他在心理上就没有获得过足够的尊重。如果他被以礼貌、孝顺、听话、善良等名义教育，他要关注别人而不关注自己，他就是被忽视的。有时候父母在身边,却忙自己的事而不管孩子，甚至不在孩子身边，孩子没有获得过相应的宠爱，就会有自己并不重要的感觉。他对尊重、关注、宠爱的需求都是未被满足的。在这样的环境里，没有人对他低过头，没有人说过你很重要，没有人对他道歉过，他一直是匮乏的，他真实的自我是不被允许存在的。

虽然他在物质上以及外在的生活条件上可能是被大量宠爱和满足的，表面上看起来大人对他也很好，但这并不影响他们在心理、精神层面上剥夺了他的自我。等这个人长大后，他虽然物质上不需要依赖他人，但心理上却要以畸形的方式依赖他人。

我也追完了《欢乐颂》，被宠爱着长大的邱莹莹和曲筱绡，就是能屈能伸、能高能低，因为她们的自我一直都是被看到的。但是没有被宠过的樊胜美，就是只能要强，有着过高的自尊，不能向人低头。然后当樊大姐在长大后卸下防御再度被满足的时候，她的自我被重新看到了，也就能低下头来了。樊家哥哥虽然看起来被宠爱，实际上也没有低头能力，樊妈在物质上给予他极大满足，生活细节上却各种操控他。

一个人活着的本能，就是活出自己的“自我”。抬起头会让他感受到丧失的自我感。

殖民地民族无论被压迫多少年，都不会忘记翻身。一个人也是如此，他的意志力无论被奴役多少年，将来有机会是一定要翻身的。

翻身的表现之一就是，我要抓住一切可能，表现我的自我，表现我的高姿态，绝不再呈现低姿态。小时候那种低姿态里承受的屈辱，不能再出现一次，这太痛苦了。就像是高考前你忍了再忍，但是之后你很难接受再一次把自己按在教室里准备高考。高考完毕你甚至不愿意再学习看书，你用厌恶学习的态度来抵消那时候的痛苦。

虽然当时不一定意识到是痛苦的。因为意识到痛苦是件更痛苦的事，有了痛苦就意味着有了期待。小时候的环境里，人是不可能有自由意志的，因此最好连希望都不要有，这样就不会有期待，也就不会更痛苦。

所以那些要强、自尊心强、不肯低头的人，只不过是因为小时候没被宠爱过，没被看到过。长大后，他们就做两件事：

① 我还想要。小时候没有得到的尊重、关注、宠爱，我长大了就想问你要。

② 我以前低姿态的时候把痛苦压抑了下去，我现在如果再低头就会唤起那时候压抑的痛苦，我必须通过不低头，来回避压抑的痛苦。

2

我们接着说“想要”。

小时候没有得到过的满足，我们会在长大后接着问别人要。

其实自尊心强的人，不过是在想要，想向你索取。他们会通过：打压你、吓唬你、控制你、凶你、暴躁，甚至肢体暴力，来问你要关注、要尊重、要宠爱。

但是他们不能直接说想要。直接说想要就会让他们体验到低自尊，那是万万不可以的。

语言暴力、控制欲其实是在说这样一件事：我想要，但是我潜意识里知道你是不会给我的。所以我就折磨你、报复你，你为什么不给我？！

因此，控制欲、暴躁、自尊心强其实是在把早年对父母的恨和不满转移到了当前的关系里。

他们想要，但是不相信会被满足；他们想要，却没有办法直接表达自己的需要。

结果就是：对他们而言重要的人听不懂其内在需求，只能听到恐吓、控制、要挟，他人又没有学过心理学，也没有办法识别他们的需求，就被吓得冷战了、躲起来了或者反抗了。然后要强的人又一次地体验到了被拒绝，又一次被忽视、不被满足，早年这些被拒绝的经验就又一次被激活。所以他就更加暴躁和想要控制，一方面在泄恨，一方面在加大强度地索取。

这表现出来，就和当年控制自己的父母一模一样。所以说，我们长大后，终究会再次成为我们当年的父母。

其实当年他们也是太缺少关注和尊重了，才用这种方式问我们要。

如果你愿意发展出能力来，看到自己的需求，你就可以一致性地表达了：此刻，我很想要你给我些关注、宠爱、尊重。我很需要你，但我没有办法低下头来。而不是再用反向表达的方式、用威胁的方式，来让对方听懂你自己都没意识到的需求。

如果你有能力看到对方的需求，你就可以找他核实或者满足他了：他只是太需要你的宠爱了，此刻他太匮乏、太害怕、太依赖了，并非要对你暴怒或控制，这是他早年的缺失。虽然这不是你导致的，但你就是他最爱的人呀，你要不要替他还一点债呢？

婚姻中，往往是他早年对父母幻想的丧失需要你来填补；他早年对父母压抑的仇恨，需要你来承担。

因此婚姻除了结亲，也是在结仇。当你们彼此满足的时候就是在结亲，看不到对方需求的时候就是在结仇。

然后你可以去温暖他。当一个人渐渐体验到自己是被尊重的，被关注的，被宠爱的，当他开始体验到自己是值得被满足的之后，就开始学会了一致性表达需要，学会了自己是值得的，而不需要再用激烈的方式要了。

你也将会收获一个暖暖的太太或者先生。

当然满足别人也是有技巧的。无限制的满足，会让一个人更退化。有界限的适度满足，是我们需要进一步讨论的话题。界限在哪里、度在哪里，这就是很个人化的问题了。

这也是我们为什么要学心理学的原因。因为双方都没有能力识别自己和对方的需求，他们都付出过惨重代价：以分手、离婚等高高在上的手段相胁迫，结果就真的分开了。他们内心明明是想要，结果却是让对方感觉你不爱了，而真的分开了。

越走越远，换一个人再继续重复这样的循环。于是，一个不良的方式，导致了一个人一生的悲剧。

而深入地觉察和方式的改变，则会能动地改变一个人一生的轨迹，使之走向良性循环。

○ 对不起，我必须反驳你

1

有一个多年不见的朋友来找我，当年大学里那些互撕时光犹如昨日。而即使联系不频繁，我们也还是知道彼此的行踪。

他来找我，跟我说他辞职了，想问我怎么创业。我很激动地直接指出了他几个缺点，结果却差点没吵起来。

我不知道是我变了还是他变了还是我们都变了。印象中我们经常撕得天昏地暗，却从来不怕伤害到彼此。但是今天，分明我伤害到了他。

他的回答是：你不了解我。我不知道怎么跟你解释清楚我不是这样的……

是的。我们成了说话小心翼翼的人。我觉得凄凉，我们不再像当年那样是至交，无话不谈了。我的感觉是：你毕业后的这些年分明是犯了些低级错误，却还要辩解，不承认。

他也觉得很委屈：我在别人面前都是装作和善，在你面前我可以不用伪装，可以肆意表现自己的攻击性。

然后我们没有再说话，和和气气结束了一次会面。

这件事我跟我的咨询师谈了很久。我想明白了之后，又生气又委屈又心疼又卖萌地给他发了个消息：你不相信我。

是的。他不相信我。他不相信那个不努力、不上进、懒惰、糟糕的自己是被我接受的。

在面对我的否定的时候，他必须要防御、必须要辩解、必须要反驳、必须要证明自己不是很差劲。他必须感受到“我误解他”而不是他很差。他不能面对自己糟糕的那一面。

他不能够在我面前承认：是的，我是没做好，是很差劲。

这种“怕”是潜意识里的怕，并不是故意的，是面对否定的时候的自动化反应，必须要把矛头转向“对方错了”“对方误解我了”来防御自己可能的差。

如果一个人误解你，你可以平静地解释或不解释。如果你的反应是激动、委屈、难过，那就说明你有“情结”了。

2

人为什么不能承认自己不好，为什么要急着辩解、否认，觉得委屈？

为什么要欺骗自己，而且还是在很亲密的人面前？

因为潜意识里已经形成了这样的信念——这个不好的我是不被接纳的，这个糟糕的我是不被喜欢的，我不好了就要被你们抛弃了。没人喜欢过这个不好的我，所以我不能不好。

可是我万一不好了该怎么办？最快的办法不是变得好起来，而是否认它。只要在你面前我屏蔽掉我不好的感受就好了。如果你硬要激活我不好的部分，我就必须强烈地反弹，来感受到自己并不差。

在你面前，我只有否定掉我不好的部分，你才可能不抛弃我，才会继续喜欢我。

虽然结果是相反的：对现实的否认、对话语的反弹，会让人感觉到这个人不真诚，无法沟通，而渐渐疏远。结果就是他再次体验到被抛弃。

潜意识里越是害怕，所害怕的事就越是会发生。

为什么会有这样的害怕呢？

从你生下来开始，这个不好的自己就一直是不被喜欢的。老师嫌弃就罢了，妈妈也嫌弃。妈妈嫌弃你不好的例子，不胜枚举。当你做不好、做错了、有缺点的时候，你就开始被指指点点、被禁止、被数落、被惩罚。

在小孩子的体验里就是：完蛋了，我妈妈要抛弃我了。她不接纳这样的我。

所以小孩子会为了获得妈妈的喜欢而战战兢兢，为了生存下来，不得不去忠诚于妈妈：你嫌弃这个不好的我，我也嫌弃；你喜欢那个优秀的我，我就努力变得优秀且只能优秀。

然后我们长大后就会把所有人都当妈妈，认为他们不会喜欢那个不好的我，他们会抛弃不好的我。为了能跟他们在一起，我必须要排除掉任何感受到自己不好的可能性。

因此当体验到别人的否定时，我必须要反弹。用这样的方式来掰过你的嘴，体验到自己不是差的。反弹只是因为很想靠近你，很想跟你在一起。

3

这是我们关系的又一次推进。

我发了消息给他：你就是很差啊。你跟我比起来，你就是不上进，就是不够好，赚得也没我多，工作也没我努力。你在我面前，就是很差啊。可是，那又怎么样呢？即使你真的很糟糕，一点都不影响我对你的喜欢啊。我那么差的时候你都不嫌弃我，你为什么不相信我不会嫌弃现在的你呢？你就是不相信我愿意陪着你一起努力，一起变好。

发完后，我觉得暖暖的。自己哭了会儿。

我是多么希望他允许自己可以真诚地出现在我面前，不论好的坏的，我都是接纳的。我们对一个人的喜欢，并不是因为他好或者他坏，而是他真诚。

然后他回我：

越是亲近，越是不知道怎么相处。很怕失去，从来不敢相信不会失去。很多时候都怕自己在你面前不重要了，怕受伤，所以不自觉地疏远了你。

我说：

真有病！我们的关系，是好不好就可以失去的吗？

当两个人愿意面对彼此内心深处的黑暗的时候，当他们相信这部分黑暗是可以被接纳的时候，关系就会被推上一个新台阶。当年妈妈没有接纳不好的自己，自己长大了也不接纳不好的自己，但这部分终究会被另外一个人接纳。

相信，就会。

4

我回忆起我的生活，发现其实我跟很多人的沟通都很难。因为很显然的事，对方都要反驳，都要辩解。而你会觉得他不够诚实，觉得他连错误都不能承认，连现实都不能面对。你会觉得就是因为你们关系亲近，你才愿意直言不讳。而他非要搞成像不熟悉的人一样，说话彬彬有礼，小心翼翼，恪守着话不能说太直的处事原则，选择性地说与不说。

哲人说，切勿交浅言深。直言直语，伤人伤己。

后来我发现，不仅交浅勿言深，而且交深也难言深。

比如我的妈妈和我很多来访者的妈妈们：长大后我们尝试过和妈妈沟通，探讨她当年做得不好的部分。多数妈妈都会启动防御模式，用很多手段来阻止自己感受到自己可能是个坏妈妈。

有的妈妈会用大事说小，小事说没的方式进行防御。比如会把当年的打骂描述成“就是拍了拍你”。

有的妈妈会用直接遗忘、否认的方式来防御。比如说“那是没有的事，我们不可能那么做的”。

而我妈妈则用责怪的方式来防御。她会说“都过去那么久了，你还往心里去，我们那时候也不是故意的”。

妈妈怕体验到自己是不好的。她的潜意识里，也有一个怕被抛弃的小孩。

不仅是妈妈。在伴侣关系、亲密关系中，直接一点的否定，可能都会导致反弹。这些反弹，最深的目的，都是想靠近。而现实却是，因为另一方感受到不真诚而推开了关系。

所以我常说：世间所有的冰冷，都是对温暖的隐藏。

不是谁都能直面内心的黑暗，不是谁都愿意大胆承认那个你不喜欢的自己。不是谁都能意识到我们拒绝了意识到自己不好。

我们很多时候只能看到冰冷，但我们依然要长出一只眼睛，来看到温暖。

5

真实的自己，是最容易被喜欢的。真实的自己，也是最容易被改变的。

当我们有能力去看见真实，承认无能，我们就有了改变的可能性。

最后我跟他道了个歉：我的心理问题也挺严重的。我是被骂大的，鼓励人、说好话对我来说是件很难的事情，所以我通常只擅长骂人。

他说：我知道，你那德性又不是一天两天了。

我说：我有问题并不影响你有问题，你是不是特期望自己是个努力、上进、优秀的人？

他说：是的。我这不是来找你了吗？

我说：那我们制订个计划，来看看怎么让你成为这样的人。你觉得怎么样？

他说：好。

我说：那既然要成为这样的人，你就得承认之前做得不够好。是不是？

他说：滚……

○总有一些时候，感觉自己一无所有

1

不是非要经历了什么挫折、打击才会感觉到绝望。人经常会无端地冒出来一种绝望感。无论外在拥有了多少令人羡慕和称赞的东西，你都会在某些时刻感觉到人生的灰暗，空虚和恐慌就像是蚂蚁一样，侵蚀了全身的骨头。你会感觉到自己拥有的一切都没什么用，自己无论怎么努力，都一无所有，一无是处。

你会感觉幸福都是别人家的，自己仿佛是全世界最不幸的人，是这个世界上最孤独、最失败、最无助、最自卑的人。然后会觉得自己不仅拥有的少，而且希望渺茫。你会盯着一些不可逆转不可改变的因素不放；甚至恐慌时间飞逝，自己渐渐老去，人生仿佛已经所剩无几。

感觉自己一无所有的时候，心里一定同时产生如下感受：

自我否定；

糟糕至极。

自己拥有的财富、外貌、能力、健康、关系等一切都被视而不见，能看到的只有自己没有或不够的东西，所以自己没有一点点好。即使理性知道自己有很多，但是感受依然在说：那都不算啥。仿佛人生就此完蛋了，不值得活着，不配活着。

如果你细细品味自己那时候的绝望，你会感受到心底里有股细流一样的声音：

如果此刻这么躺下了再也不起来，该有多好啊。

如果就这样自暴自弃不努力了，该有多好啊。

这种心境被称为抑郁状态，浓度大的时候就会引发生理上的改变，会被诊断为抑郁症。但是我不想跟你聊抑郁症，我只想聊聊这种一无所有的空虚、绝望和恐慌感。

2

人会陷入抑郁状态，是人潜意识的一种保护机制。人抑郁的时候，会：

兴趣淡漠，想做的事减少。这就是一种低消耗的运行状态，避免你做更多的事把自己榨干。

注意力回收，较少地关注外在，开始看见自己的体验。通过抑郁，你看到了一直被忽视的自己。

这就是抑郁的意义，通过生理反应来让你关注自己。

人之所以会进入抑郁，是因为：

对自己的要求实在是太多了，多到了超出自己的实力。我们惯常会过高地评估自己的能力，总觉得自己能做的还有很多，做不到就怪自己。我们也会惯性地认同外在的标准，认为人就应该努力、上进、负责任……我们为了实现这些标准，为了获得社会认同感，会不断地强迫自己做自己不喜欢的事。

在我们成长课里有个同学就谈到了他每天工作完回到家就会心情很沮丧，家人都在，但还是感觉空虚抑郁。后来访谈完发现他是个不会磨洋工，特别负责任的人。负责任本身是件好事，但是负责任超过了对自我的关爱，超出了自己的能力，责任大于了自己的感受，就会透支自己，身体就会自动进入淡漠的保护状态，这时人的体验就是抑郁。

所以抑郁就是在提醒你，你对自己的要求实在是太高了。即使这些要求看起来很正常、不过分，但是只要达到了你能力的80%，就已经是红线了。

或者是做太多言不由衷的事了。如果我们做了太多自己不喜欢的，但是以生存、责任、正确、大家都做为名的事，那么人离自己的心就会越来越远。人就不能做自己，不能活出真我。这时候潜意识会感觉不到自己活着，更像是社会标准下的一个傀儡和机器。这时候人就需要进入抑郁淡漠状态来提醒下自己：除了赚钱和责任，你该关注一下自己内心真正的需要和感受了。抑郁就会强迫你淡漠外在这些你不喜欢的事，关注内心。所以才会有“要是我死了，该有多好”的想法，这其实是在另外一个极端上的高度体验，一个我想停止透支自己的信号。

3

人需要这种一无是处的感觉。通过怀疑自己的现状，来完成对现状的破碎。只不过我们不愿意去看真实的自己，更不愿意去冒险，想都不敢想打破一切，重新来过。我们内心装着太多不可实现的梦，实现不了就只能抑郁。抑郁只不过是对于自己无能感和平凡现状的一种排斥。

是的，抑郁，只不过是我们嫌弃自己的结果。

嫌弃自己还不够好，拥有的还不够多。我们看不到人生其实还剩有太多的时间，却总是觉得自己的人生剩得不够长了，觉得自己老了；看到比自己牛的人就觉得自己笨；看不到自己步入了衣食无忧的生活，总是跟身边更优秀的人比较，觉得自己好像真的还在为生存恐慌；看不到自己拥有的能力、责任、财富，总觉得不够，不够，还不够。继而绝望。

世界上对自己最不好的人，恐怕就是自己了。你嫌弃过最多的人，恐怕也是你自己。

因此每当你感觉自己一无是处的时候，你都应该听听你内在那个骂自己的声音。然后问问自己：你是不是对自己要求太高了？你是不是又开始不喜欢自己了？

4

我们为什么会害怕平凡、平庸呢？

我们每个人内心深处，都有着一个疑问：我是好的吗？如果我不好了，还会有人爱我吗？

当你有时候尝试表达自己总是感觉自己很差劲的时候，那些所谓爱你的人就会来安慰你：没有啊，其实你很好啊，你怎么会这么想呢？他们否定了你的真实感受，他们一次次无意间表达了“你必须坚强，你不能脆弱”“你不能倒下，你必须站起来奋斗”“没人会永远保护你安慰你照顾你养你，你必须一直战斗下去”……

我们成长课里有个女生就表达过她对未婚夫的态度：你破产了我可以养你啊。两三年还行，但是你是个男的，我总不能一辈子养你吧。现实是他肯定不会一辈子不去赚钱，人这样会憋死自己。但是人听到这种没有支撑的话，还是会体验到一种绝望、恐惧和不得已的压力感。即自己必须站着，不能倒下。

而大导演李安的6年，恰恰是在一种“你不好了也没关系”的滋润里安心做了自己。

你从来没有得到过“没关系，你可以平凡无能”的答案，以至于我们自己都不敢去想，于是，这种担忧就被压到了潜意识里。

那个平凡的、无能的、差劲的自己是不被爱的。所以我们不允许自己那样，就在意识里拼命地排斥那样的自己。可那又是人真实的一部分，你越是排斥，它就越是会在你没有防备的时候悄悄溜出来，以抑郁和绝望的形式呈现。

5

对一个人最深沉的爱，不是鼓励他，安慰他说你很好、你很棒，而是告诉他，你好了是很好，你不好了也没关系，你失业了也没有关系，你一无所有了也没有关系，你还有我，我会一直在你身边、陪着你、护着你。

这就是无条件的接纳：我接纳这个优秀的你，更接纳这个无能的你。我喜欢这个做对的你，也喜欢这个什么都不做或者做错的你。

在这种接纳里，人会彻底成为他自己，感受到内心深处涌出的感动。仿佛回到了子宫里一样，体验到全然的接纳、融化，然后绽放。

不要担心人会沉沦，人在安全的状态下，本能就是活出自己，就是上进，而不是无休止地退化。人之所以想着自己一旦懒下来就会无休止地懒下去，是因为他从来没有真正享受过懒惰。

6

前提是你得发现，人都有脆弱、无能、恐惧、自卑的一面。没有例外。

在我的访谈中，有许多家庭里的女人不愿意看到男人脆弱的一面、家长不愿意看到孩子脆弱的一面的例子。

他们把男人和孩子都投射为无比强大的存在，好像他们从来没有烦恼和脆弱一样，所以总觉得“他应该……”“他为什么做不到……”。

当人的脆弱、自卑、无助从来不被看见的时候，那么就连自己都不愿意看见这些了。只是在抑郁的时候，人才会偷偷舔舐自己的这部分。

而我们不愿意看到别人的脆弱，是因为我们自己也不愿意正视自己的脆弱。我们内心有着这样的核心信念：脆弱是不对的，无助是不被允许的。

所以我们对于两个人关系里的这种抑郁的感受就会避而不谈。就像是很多家庭里两个人从来不说“我爱你”一样。他们谈论无助和脆弱会有羞耻感。

可是抑郁如果能被分享，就会溜走。

因此你需要看到另外一个人，他会有抑郁、会有脆弱、会有无助，而不是假装视而不见，对他继续要求。

每个人内心深处，都有着属于他自己的脆弱、无助和自卑。无论男女，没有谁能无时无刻都积极、坚强。然而我们多数人都不愿意接纳自己的这一面，当发现自己不够好的时候，就自责焦虑，想变得更好，想要扼杀掉这个糟糕的自己。可多数人从来没有停下来看自己一眼，跟自己说一声：亲爱的，你还好吗？我看见了，你此刻很脆弱，很无助。然后跟自己的这种无助待一会儿。

当你想理所当然地要求另外一个人为你做点事情的时候，你也要先问问他：

你还好吗？

7

接纳自己的绝望。每个人都会有感觉到自己一无所有的时候，绝望是人类正常的情感，并且是美丽的情感。然后听听它在说什么，你可以为它做些什么。同时去欣赏它。**因为人最脆弱无助的时候，实际上是最深刻的时候，离自己最近的时候，也是最容易建立感情连接的时候。**

○这么在乎钱，你一定很穷吧

1

“穷到只剩下钱了。”

以前听到这句话，我以为这是对有钱人的讽刺，或者是自我调侃。后来学了心理学，慢慢打开了自己的心，越来越感觉到这是一个特别伟大的真理。一个人穷到只剩下钱了，那是真的很穷，比穷得没有钱了还要可悲。

我以前挺爱钱的，当然现在也很爱，只是不再是同一种爱了。

大约是物质上的贫穷已经让我怕了吧，也可能是我小时候爸妈对钱特别计较，总提醒我“省着花”“别乱花”，前些年我为了省着花钱，也付出了沉重的代价。

后来发生了两件事，改变了我对钱计较的态度：赚了些钱和学了些心理学。

我以为人有了钱就会大方、快乐，我以为实现了财务自由的人会不再计较。事实上我也的确会快乐一些，但是这种快乐跟在钱上投入的心思根本不成正比，很不值。

朋友对我的评价是：只喜欢赚钱，不喜欢花钱。真是个好男人。

但是我却觉得很惨、很悲凉，不明白自己为什么还是那么在乎省钱。后来学了心理学后，我发现因为对钱特别在乎，让我缺少了人生很多美妙的体验：

轰轰烈烈去爱的勇气。

敢于享受的心。

敢于敞开自己、袒露自己的真诚。

为他人大方爽朗、义不容辞地付出。

轻松自在的生活节奏等等。

是的。我不敢轰轰烈烈去爱。我很羡慕那种“为你我用了半年的积蓄，飘洋过海地来看你”的浪漫，我就做不到。那是一种“钱可以再赚，爱不可以再来”的气魄，而我的感觉却是：太浪费钱，我输不起。

我特别不喜欢买一些华而不实的东西。我不敢去好好享受生活，即使我有钱了，我也会过着精打细算、省了又省的生活。然后我会用“节约是美德”“还能凑合着用”来防御自己内心的匮乏。

他们称我是“经济适用男”，但我挺不喜欢的。

我也不敢让朋友好好享受。带他们去高级餐馆胡吃海喝，说“哪个贵你点哪个”的时候，内心会淌血挣扎。

我也不敢为了朋友毫不保留地付出自己。我会掂量自己的能力，会评估我们的关系，当我不敢的时候，我只能看着他身处水深火热中，然后用“每个人都有自己的命运”来防御自己的内疚。同理，我也不相信别人会为我付出自己。

我也不敢把自己的脆弱、无助交给另外一个人，甚至不敢放开来依赖别人。我很难从内心深处信任别人，那太危险。

2

我有很多朋友，但我仍觉得孤单。有时候我都没有时间感觉到孤单，因为我要忙着过日子，不，更准确地说是忙着生存。可是我从来没有反思过，这很有问题。后来我在我的咨询师那里终于发现了我只是认识很多人，却没有一个深交的人，我甚至对恋人都不能交出自己。我特别善良，却从来没有勇气敢为另外一个人牺牲过。我从来没有放弃过保护自己。我从来都不相信，当我有难，会有人第一时间跳出来帮助我、保护我。

那么我保护自己的方式，就是握住钱，就是计较。

人与人之间的情感是不安全的，是信不过的，是控制不了的。但是钱可以，钱可以控制在自己手里，可以保护自己，可以听自己的话。

握住钱，比握住一段关系，要安全多了。所以钱也比关系重要多了。

于是我只能在不显著损失钱的情况下，才敢去爱一点，才敢去交出自己一点，才敢去沉浸在关系里一点，才敢去有点活着的感觉。

或者说我也有很多感情，也有恋爱带来的美感、崇高感、敬畏感、对诗和远方的憧憬，但是我内心始终有根高压线不能突破：不能太浪费钱。

因为爱情、美感、快感等一系列的感情或感觉，虽然不是钱能换来的，但的确有时候需要一定的金钱付出。好好去爱，就是会出现很多不刚性的花销。我为了保护钱，就牺牲了部分情感体验。

情感的流动，还需要流过钱这个关口，被审核才能通过，所以不能畅快地流出来。这让我很是难受。

我的人生有意无意间只剩下了：这得多少钱？这值不值？

我是多么不相信这个世界，多么不相信他人，才会如此地想保护自己，以至于没有办法把自己交给另外一个人，不敢去依赖他人，不敢去相信自己一无所有了也还可以被这个世界爱着，不相信有人不会离开自己。我也不相信自己，不相信自己有“千金散尽还复来”的能力，不相信自己值得拥有美好的情感。

这来自于我的早年，就没有建立起稳定的客体关系。爸爸妈妈对我的忽视都很严重，我和他们之间也没有深交，我们只是很客气，有时候又很不客气。但我的需求是不被识别和满足的。所以潜意识里会形成：其实谁都靠不住，谁都不能及时响应你的需求。因此长大后，我也不能相信关系的稳定性，就只能跟钱建立稳定的关系了。

严重一点的人，跟银行、人民币也不能建立稳定的关系，怕会贬值，于是选择储藏黄金、外汇。

可是一个人活着，本身就应该是富足的。他可以相信自己是被这个世界爱着的——无论有钱没钱。他可以安心享受阳光雨露，可以安心流淌爱恨情仇，可以肆无忌惮体验活着的幸福。他有很多丰富的情感，包括爱情、美感、道德感、崇高感、快感……他的生活由很多交往深深浅浅的人组成，有很多丰富有趣的事，他体验着不同的感觉。他爱钱，但不会用钱去衡量这些情感。

4

人的贫穷有很多方面。有的人是钱穷，有的人是志穷，有的人是情感穷，有的人是关系穷，有的人是尊严穷，有的人是信任穷。穷的意思就是匮乏，就是很少或没有。当人连这些都没有的时候，就跟死了差不多。因为他体验不到人作为个体这一独特的存在。当人只能看到钱而看不到其他的时候，也跟死了差不多，因为他还是体验不到作为人的丰富性和情感性。

所以穷得只剩下钱了，真的好悲哀。阉割掉了人的情感、勇气、信任功能，就只剩下物质消费和物质存储功能了。

5

如果你对钱非常在意，一定是你对生活失去了感觉。你的在意程度，直接对应着你失去感觉的程度。

一个敢于享受情感和美的人，在金钱不是很富足的时候依然可以有非常丰盛的体验；一个不敢的人却只能通过跟钱产生感情，来体验到一点点活着的感觉。

真正贵的东西都是与钱无关的，只是有时候需要付出钱来获得。就像人活着，绝不是为了吃饭，虽然人活着必须要吃饭。但是一个人只会吃饭不舍得消耗，就有问题了。当你想着搬次砖多少顿饭就白吃了（每顿饭都花钱啊！）、走十公里消耗的饭值不值，你就没法全然享受搬砖和走路了。如果你总是在想下顿饭有没有的吃，这顿饭值不值这些钱，你将失去吃饭的乐趣或者和他人共进晚餐的情调。如果你不吃饭的时候只是忙着屯饭，可能就更有问题了。

6

“分答”（一个付费问答APP）上有人问王思聪：有什么是你买不起的吗？

王说：以正常可销售的东西来定义的话，我的身家是没有什么买不起的。但从哲学角度来说，很多东西是不售卖的，比如爱情、尊严，这些东西是买不到的。

这是一个很古老的命题：钱可以买到房子，但买不到家；钱可以买到药品，但买不到健康；钱可以买到礼物，但买不到爱情。但是家、健康、爱情等，又需要一定的金钱付出。你在多大面积上将其与钱挂钩并计算得失，你就会失去相应面积的情感体验。

一个真正富有的人，应该是相信流动、付出和情感的。一个人可以通过付出钱，得到崇高感、得到帮助别人的快感、得到去爱一场的体验，那才是富足的人生。而当你投注过多能量到生存问题上的时候，你就开始丧失生活的美好体验。

王思聪都知道，虽然有钱，但自己不能贫穷。还要追求尊严和爱情的富足。

7

本质上来说，太过于在乎钱，其实就是你不能跟钱建立安全的关系。

婴儿如果确认了妈妈是安全的，他就会开始走向世界，体验世界的精彩。妈妈不需要时刻在他身边，他只要相信妈妈会在就可以了。这叫安全型依恋。但是当婴儿无法确认妈妈一直在，就需要粘着妈妈，把精力投入到如何更好地拥有妈妈上，就没有精力去管这个世界精彩不精彩了。这叫矛盾型依恋。

钱就是我们后来的妈妈，她不一定随时在，但只要我们相信她会一直在，我们就敢于去体验这个世界。我们不相信的话，就只能死死抱住钱了。

○如何做一个负能量爆棚的人

1

有这样一些人，浑身充满了负能量，严重得能达到爆棚的级别。他们大致有这些特点或之一：

攻击性强，喜欢评判，爱抱怨，看不惯的多。

自恋、自以为是、清高，总觉得自己是对的、有理的、高级的。

情绪思维消极、悲观，有时候显得滑稽且不合理。

觉得自己处境很可怜，虽然可能真的很可怜。

又可气又可恨，总让人想到可怜之人都是可恨的。

絮叨、重复性话语多，有时有气无力、有时振振有词。

你靠近他，会感觉像掉到漩涡里一样，你的能量都被他吸走了。一开始你可能还会想着好心劝劝他，但是几个回合后，你马上就陷入无力感。

你如果想帮他，他能激发你的无名火，让你愤怒。

最重要的特点是——他们缺乏现实检验能力，缺乏基本的自省能力。是的，他们不自知。

2

我经常给这样一些人做工作。原理上我知道该怎么给他们做心理工作，但是在精力、能力、体力上，我必须要做好十分充足的准备，才敢接这样的个案。因为我要有足够的耐心、洞察力、承受力，来推动他们自省，内化正能量进去。

负能量爆棚的人，他们的心理世界是这样的：

你欠我的。

你应该为我负责。

你应该这样那样做。

你帮我、爱我、为我做、照顾我是应该的。

你做不到、不按应该的做、不对我付出就是你不好。

你做不到你不好，你就是混蛋，就应该下地狱受惩罚。

他们把别人对他的爱和付出当成理所当然，毫无感激之心，他们拿很多“应该”去要求别人付出，他们大有贪心不足之势。一开始你想满足他，因为你善良、你爱他、你想对他好，因为你同意他的“应该”也觉得自己应该去做，但是后来你发现这不仅是个无底洞，自己还会背负上骂名。

3

当你听到：

××就是应该……

男朋友就是应该……，女人就是应该……，员工就是应该……，老板就是应该……，孩子就是应该……。也许你本来是想为他做些什么事，但是在面对这样的话时，你就会失去付出的动力，瞬间转化为反感。

从客观上说，这些可能的确是应该做的。但是你作为被满足者、受益者说出来，让这些成为一种强迫和“不得不”的时候，马上就会激发出别人内心的阻抗。

在一段感情里，“男人/女人就是应该……”是杀死感情的有效良剂。

在公司里，常说“老板就是应该……”的员工，是最难以晋升的，甚至容易被开除。总觉得“员工晋升应该……”的老板会失去人心，最终导致业绩低下。

人之所以不喜欢被这么对待，是因为这些人，他们强大的需求吞没了你，让你的自我没有任何方法可以得到彰显。你对他们的付出，是不被他们看到的，是被忽视的。你做的所有事都是被忽视的，除了满足他，你的自我是不能存在的。这时候人除了抵抗和逃跑，别无他法。

所以负能量的人，经常遭遇拒绝、愤怒和冷暴力。

被看见是对一个人最大的安慰，被忽视是对一个人最大的酷刑。我们之所以愿意持续为一个人付出，有时候不是他回报了我们什么，而是他看见了我们的付出。

4

你可能成了一个充满负能量的人，正在被讨厌着，你却未必自知。

但你可以检查你自己：你是否会用“××就是应该……”的句式去要求别人。你是否会觉得别人理所当然地就应该为你做点什么？即使那是很简单的事。

5

我们课里有个同学问我，为什么她的老公总躲着她、冷淡她，问我该怎么办。我教了她两句正能量的话：

“我可以为你做些什么呢？”这是一种愿意看到别人需求，并且愿意在自己能力范围内帮助和满足别人的表达。

“谢谢你为我做了这些。”即使别人做了理所应当的事情，也说一声谢谢。谢谢的意思是：我看见你了。你所做的，都是有价值的。

无论对方做没做，付出没付出，我们都可以看到他们的存在对我们的意义，都可以看见对方。这种看见，会促进两个人的连接，让人愿意做得更多。

负能量的人在忽视别人，正能量的人愿意看见别人；负能量的人只有自己的需求，正能量的人除了自己的需求还有他人的需求。

差别就是：如果你内在是富足的，你就愿意看到别人为你做了的。如果你是匮乏的，你只能盯着别人还没做到的。如果你跟一个人在一起，你觉得他什么都没有为你做，那一定是你的眼睛出了问题。

太缺了，才会见人就吸，有机会抓住就吸。这是潜意识对人的一种保护。太缺了是因为从出生开始就没被满足过，我们把婴儿时期对乳房的贪婪，变为成人后继续向另外一个人的索取。

但是你需要睁开眼看看，该停停了。虽然你从来没有被满足过，但是的确没有人再能满足你了。不睁开眼，你还可以继续闭着眼向别人索取，但是睁开眼看看，你可能永远都无法再得到那种满足感了，这是一种丧失。

无论什么关系，谁都不欠你。

无论你主动做过什么，都不必成为交换。

也没有谁是应该做什么的。

即使客观上欠你了，客观上应该做的，做不做个坏人，也是每个人自己的选择。

如果你只想得到一次，你可以用强力、暴力、打击、攻击的形式要回来。但如果你想维系一段关系，你需要看见别人，看见有的部分，这才是长久之道。

看见付出的部分，付出的部分将会越来越多；只看见缺的部分，缺的部分便会越来越多。

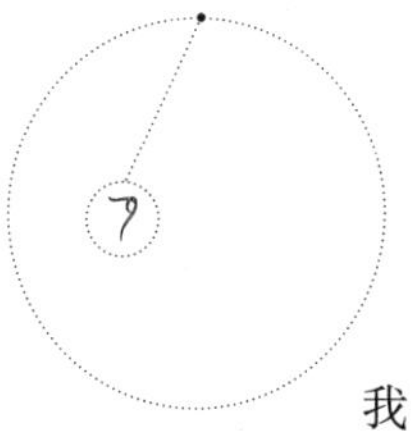

“你若懂我，该有多好”是一种负能量；“我若懂你，该有多好”是一种正能量。

“你为什么都不……”是一种负能量；“谢谢你为我……”是一种正能量。

你知道该怎样成为一个负能量爆棚的人了吗？

○并不是做错了才要去道歉

1

人际关系间的矛盾，说穿了就一句话：你做错了，却还不承认、不道歉、不悔改。所以，我要用情绪整你一顿。

无论是亲密关系、工作关系，还是普通的朋友、陌生人之间，典型的对话是：

甲：“你怎么可以……”

乙：“我不是……”

甲：“你就是……”

乙：“我没有……”

有时候是你真的错了，嘴巴硬不愿意承认。有时候则是单纯地被误会、被冤枉。然后你就会辩解、生气甚至离开。

生气的人越来越生气：这个人明明是这样的还不敢承认，气死我了。解释的人也越解释越无奈：你怎么可以如此不讲理，野蛮生气，如此地误会冤枉诬蔑我。

在我们的课上，就曾出现过这样一个故事：两个好朋友之间，A说B很自私、很自恋。然后B解释了一小下，解释无效就默默离开了。然后，关系卒。

你去感受一下这两个人的动力。A说这话的时候，实际上是想靠近B，B做了某些看起来像自私自恋的事情，阻碍了A靠近B，所以A着急想用强迫的方式要求B拿掉，然后就可以走近B了。但B同学体验到的是被否定、被抛弃，所以要使劲解释来让A看清真实的自己，以为这样就可以跟A继续保持深度的关系。B离开也是为了避免关系更加恶劣而选择了自我保护。

两个人明明都想靠近彼此，却成了相互伤害，不欢而散。

我们课里还出现过很多类似的故事：被领导冤枉批评了一顿，然后欲哭无泪，解释不得。

2

从A的角度，他需要更好地学习一致性表达。在这个案例中，问题明显出在了人太习惯用否定的方式表达需求，对方却只能看到伤害而看不到需求。这篇文章我想从B的角度讨论一下，怎样可以让关系更和谐。

当一个人误会你批评你的时候，你可以说声“是的，对不起”。当你这样表达的时候，会怎样呢?

对方会感受到舒服、放松。因为无论你的声音是不是真的或对的，他感受到的是被回应而不是被拒绝，他感觉到跟你连接在一起而不是被你推开了。因此关系会被迅速打开，无关于内容层次的对错，而是两个人连接在了一起。

认错是一种跟对方连接上的方式。我无法改变你的频道，所以我调节我的频道跟你对接。而辩解，则让对方体验到被拒绝被推开。

并不是错了才要道歉，并不是真的才能承认。

记得《叶问3》开始的时候，叶问会让儿子先鞠躬道歉，不失大师风范。对于上面B同学来说，一句“是的，对不起，我自私了”，会让两个人有继续沟通的可能。

我认错和我真的错了是两回事。不是因为我真的错了，而是我这么说会让你好受点，让你开心。看到你开心，我会更开心。那些哄女孩子开心的男朋友们，他们真的是认为自己错了而去说“对不起”吗？他们更多时候只是为了让对方开心。

我认错是我为了某个目的而选择性讨好，是一种灵活的策略，而不是为一场战争的失败负责。选择性讨好并非是降低自尊的无奈。明明是领导错了，我却选择来主动承担，来背黑锅，不是我傻，而是我愿意使用这个策略。领导今天心情不好，找个茬就会数落我一顿。我认错，是为了给领导一个宣泄口，并非我真的错了。因为你好受了，我的日子才好过点。你不好受，最终更遭殃的还是我。我认错，只是因为你在一定程度上能决定着我的命运，而无关于这件事的对错。

我认错，和下次我会不会改是两回事。有时候对方需要的只是一个态度，一个台阶，无关于下次。如果你有个规条是“承认了错误就必须改”“做错了是不好的”“人不应该做错事”，那你的人生就固定到了一个小圈里，只有一种可能性。你需要看看自己为什么要这么固执。即使你真的错了，下次也都可能再犯，何况你其实没有错呢？

我认错，我做错了，下次我要改，这是三件事。我们可以把三者建立关联，也可以不建立关联。如果你局限在自己的逻辑里，你的生活就会刻板僵化，让自己和他人都痛苦。成熟的过程，则是灵活的过程，我根据情境而选择使用不同的规则。有的人只是形式上认错，心里却不觉得自己错了，比如说圆滑的人，虽然常被你看不惯，虽然没你清高，但他们就是活得比你潇洒。人家照顾好大局利益就好了，不需要照顾某个人。

如果你在关系中强势、盛气凌人、自以为掌握真理，你会很爽，对方却不爽了。那你能得到什么呢？你掌握了真理，却失去了关系。

如果一句“对不起”或“是的”，可以换来沟通的可能性，可以换来和谐，你愿意说出来吗？你想要的是什么呢？是你对、你赢了，还是对方的开心和更加和谐的关系呢？

如果你有能力，你可以通过解释、逻辑、强迫来改变对方，争取到更多。但是当对方不可改变或难以改变的时候，你就要调整自己的状态来适应关系了。水能大象无形，随时调整，所以能奔向大海，被老子认为是最厉害的东西。

婴儿的世界里是要求世界来改变、适应他，让他自己感觉舒服点。成年人的世界却是适度地调整自己适应世界，以让自己获得真正想要的结果。

有的人可能怕认错会使得对方变本加厉。是的，有时候当你承认错误的时候，对方会进攻得更猛烈。就像是你一旦把乳头给了一个饥饿的婴儿，他的确会狂吸一会儿。因为他渴望了这么久，一旦得到你了，当然要跟你多缠绵会儿。那不是对你的攻击，而是对你的满意，以及想要更多一点的满足感。你可以选择继续承受或选择适可而止，这根据你的需求和情境决定。

3

但有时候我们真的很难在明知道对方错了的时候，还要说软话；明知道对方在误会冤枉自己的时候，还要承认说你是对的。

因为我们内心里有很多圣旨一般的规条限制了我们的人生，打破这些你用了半生的规条，会让你丧失存在感，所以你可能会对其严防死守。这样的规条可能是：

人不应该误解他人，应该就事论事。

人不应该无理取闹，应该好好说话。

人不应该打破规则，应该遵守公众的规则。

人不应该情绪化，应该客观、和气。

人不应该按照错的标准做事，应该按照对的标准做事。

人不应该……而应该……

当你有这些规条束缚的时候，你的人生就陷入了单一。这些规条没有好坏对错，都是一种人生价值观。你可以选择坚持，也可以选择适度坚持，还可以选择不顾一切地坚持，直到你为了坚守自己的规条而头破血流、关系断裂甚至牺牲一切，那叫信仰。但是你同时也要知道：你可以为了关系而选择灵活，不必如信仰般坚守。

也就是：

人是可以误解他人的。他误解我，是他能力有限，并不影响他爱我。他的确做不到有双火眼金睛，我也不想对他有这么高的要求。

人是可以情绪化的。人可以选择用自己舒服、真实的方式表达，而非一定要客观理性，实事求是。

人可以选择无理取闹。在自己感觉安全的人面前，尽情地自由自在。

对这两种对于规条不同的态度，你会有什么样的不同感受呢？

4

当我们做一件事或跟一个人沟通的时候，我们有3个标准和方向：

让事情做对。

让自己开心和舒服。

让他人开心和舒服。

这三者有时候可兼得，有时候只能得到其二，有时候则只能得到其一。因此你要清楚，你最想要的是什么。

如果你坚持要按对的标准去说、去做，你就会有意无意拿对的标准要求自己要求他人，然后两个人都不怎么舒服。我见过一个极端的例子：一个超理智的妈妈认为“答应了就要去做”是一件正确的事，所以她在答应8岁的儿子周日去公园玩后，虽然周日下起了倾盆大雨，她还是带着儿子去公园玩了，最后因为下大雨，什么也没玩成，白折腾了一趟。这件事里就是：虽然做对了，但两个人都并不舒服。

如果你在受委屈的时候发了一顿火或因不想面对而选择了离开，你会很爽很舒服，但却做了一件让对方受伤也未必对的事。比如，如果你认为“情绪化是错的”，那么你发火的时候就做了一件让自己很爽但却是错的、让对方不舒服的事。所以你可以选择辩解或发火，只要你清楚你的目的就是为了让自己爽就好。

但如果你要选择关系和谐，你就要适度用一用“选择性讨好”，去做可以让对方舒服，却可能会给自己带来些许不舒服，以及可能会违反你关于“对”的标准的事。

人生可以有对错，也可以没有对错，但最终都只是选择问题。知道自己要什么，然后选择一条最适合的路就好了。

5

也许你以前只有“对错”这一套标准，万事皆按对的标准来做，这样会让你感到熟悉和安全。但是现在，你可以选择成长，选择看到更多的选择：

你也可以按照对方舒服和开心的方式去做，管它对错，为结果服务就好。

你也可以按照让自己舒服和开心的方式去做，管它对错，伤害了关系又怎样。

你也可以在这之间做一个平衡和排序，按照你想要的结果适度选择。

准备好了承担，就可以去选择；没有准备好也可以去选择，反正还是你承担。

○ 如何成为一个有趣的人

1

我们都喜欢跟有趣的人做朋友。他们幽默、好玩、有主见、脾气好，总是给我们带来新鲜和舒服的感觉，那感觉就像是炎炎夏日吃了口冰镇西瓜一样，多数时候都很爽。

反之，我们不喜欢无趣的人，这些人死气沉沉、刻板呆滞、枯燥乏味。

于是，我反问自己：我是个有趣的人吗？

于是就问住自己了。

我有时候有趣欢乐，有时候无趣乏味。与其说有时候，不如说是在某些场合面对某些人的时候。比如我参加课程学习的时候，就不太喜欢说话，我一说话就紧张，一紧张就发热，CPU经常由于性能问题导致任务停止运行，连话都说不清楚。比如在一个陌生场合里，我也常常一言不发，我在与人见第一面的时候，会词不达意。气氛经常被我搞得很隆重，隆重到凝重，很尴尬。还有我在正式场合的时候也发挥不出来，我穿上西装皮鞋，瞬间就成了个不称职的模特——木头做的。脑子也跟着不会动了。

但另一些时候不是这样，我跟一个人或一堆人一旦熟悉起来，就会脑洞大开、活泼开朗、创意不断、博学多识、分分钟化身段子手，倾情上演《逃离精神病院》。我在我自己的课堂里也放得开，头脑灵活、思维敏锐、不断输出新思路。不是因为我知道得多，而是我脑子转得快。

有趣未必是一种能力，更应该是一种在特定领域内的表现。我们在不同的场合面对不同人群的时候，就是会有不同的表现。

所以我相信，每个人都是有趣的人，只是要在合适的情境中、合适的人面前。

2

那么我们在什么人和什么情境面前会变得有趣呢?

现在我邀请你想象一下，在这样一个环境，你会有什么表现：

放得开、安全、放松、自由、被无条件接纳、被无条件允许，有一群爱你的朋友，你可以轻松地做你自己，想说就说、想不说就不说，想哭想闹想胡闹，都被允许。

我想你会像是打开了奥特曼变身器一样，骁勇善战，成为有趣的化身，代表月亮给人类带来快乐和创意。**在一个环境里，你的有趣程度和你的放松程度几乎是成正比的。**

比如在熟悉的朋友面前，在擅长的领域里，你的有趣值会比较高。我在我的课堂里有趣，在陌生人聚会里无趣就是如此。看过咪蒙的一个采访，记得她说她在生活中有些敏感，非常介意别人说她的缺点，但是在文章里她却敢大胆调侃自己。因为读者、文章对她来说都是非常熟悉的对象。

这就很好理解，为什么你会在一些人面前十分无趣：

你放松不下来。

不能完全放松下来，是因为环境不够安全。环境是否安全有两个因素决定：

① 你对环境的驾驭能力。也就是你自身的能力、水平、知识等，这些硬件水平决定了你是否能轻车熟路、灵活自如、信手拈来、360度搞笑或严肃地表达。

② 你对环境安全感的感受。你是否相信环境和他人是愿意接纳你的，允许你犯错的。你越是相信你在环境里是被允许的，你感受到的安全感就越高，你就越能放松下来。

因此成为有趣的人至少就有这两个方法：

① 提升知识和能力，你的熟练程度决定了灵活程度。

② 放开自己，允许自己自由发挥，相信自己一直都是被接纳的。

3

你的放松程度，决定了你能做自己的程度。你能做自己的程度，就是你有趣的程度。一个能做自己的人，会活在当下，充分调动自己的本能，跟着自己的感觉说话，那本身就是很放松的。你可以观察观察小孩子，小孩子就很有趣，因为他不知道对错，不知道危险，他活在当下，能够做自己，总是给人很多出其不意。然后我们用“童言无忌”原谅了他。

有趣是个本能。只是我们后天的某些限制，让人变得无趣了。

这个限制就是模板化。

我们在长大的过程中，开始被规定哪些是对的，哪些是错的，哪些是该做的，哪些是不该的。我们变得小心翼翼，害怕犯错。我们内化了很多标准和限制。我们不再知道自己的感觉，我们开始更相信自己学会的规则。我们还没开始说话，就已经压抑掉了2/3以上的自己，所以我们只能呈现一小部分最真实的自己给别人，也就是只将一小点生命力展示给别人。这看起来就是个无趣的人。

一个小心翼翼、害怕犯错、不敢冒险、害怕伤害别人的人，是最无趣的。程度越深，越无趣。

一个有趣的人，就是敢于绽放自己生命能量的人。一个无趣的人，则是压抑自己生命能量的人。

所以第二个变得有趣的办法就是放松自己，实际上就是：

敢于犯错（说错话、做错事），敢于伤害别人。

因为你走不寻常路，说不寻常话。合适的时候叫幽默感，不合适的时候叫不懂事。

这对很多人来说，无疑是困难的。但我们换种方式表达就会好点：

放下自恋。

在某些环境里，你说错话、做错事、伤害到别人，并不像你感受到的那样具有杀伤力。

他人也不像你感受的那样脆弱，能够轻易被你伤害到。

你也不需要有一个神一样的幻想：对自己的要求是不伤害到别人、不说错话。

人活着，伤害和被伤害都是在所难免的事，无论你是不是故意的。你不说话对人的伤害有时候并不会比说错话小。

当你开始相信自己是个平凡人，无论如何都会伤害到别人、都会说错话的时候，当你不再要求自己绝对正确的时候，当你开始相信环境和他人的承受能力的时候，当你开始相信其实没有人太介意你是个什么样子的时候，你就开始放松下来了，你就能做自己了，也就有趣了。

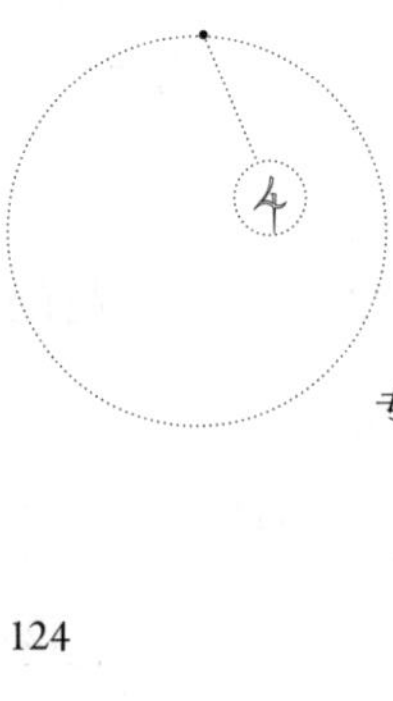

也就是：当你开始把注意力从讨好别人转移到表达自己的时候，你的生命力就开始绽放了。你最真实的自己，你的存在感也都开始出现。

专业术语叫：敢于表达自己的攻击性和力比多。

攻击性是我们潜意识捍卫自己界限的方式，是一种本能。我们需要不断攻击其他客体，来确保自己的安全。在人类历史上，在动物发展史上，例子不胜枚举。也就是我们敢于伤害别人，敢于打压别人，彰显自己的力量。不过我们只使用社会允许的方式表达就可以了，比如说自嘲、调侃。表达方式是很好学的，真正难学的是一个内心深处的“敢”字。

力比多决定了我们是否敢于追求自己内心的兴趣和热爱。力比多是弗洛伊德所说的性能量，也是一种本能。含义是，我们对内心深处有兴趣的人、事物、话题，都有参与和得到的欲望。简单来说，遇到喜欢的妹子敢于去撩，遇到喜欢的话题敢于去聊，遇到有感觉的事敢于去做，内心产生了某个idea敢于去执行，内心生出个段子敢于大胆说出来，就是敢于释放力比多。

一个擅长撩妹的人就是会比一个非常尊重妹子的人有趣，一个敢于调侃他人的人就是比一个无比尊重他人的人有趣。这就是敢于释放。

我们通过敢于释放攻击性和力比多来确认自己的存在。

当我们存在了，就是个敢于做自己的人，就是个能放松的人，就是个有趣的人。

5

敢于释放攻击性和力比多，来自于你曾经被爱的经验。如果你得到过很多爱、很多允许、很多认可、很多温暖、很多赞美，你会相信自己、相信环境、敢于表达。你对自己的认可和对环境的评估会越来越乐观。相反，你在一个受控制的环境里，在一个随时可能被惩罚、抛弃的环境里长大，你就容易小心翼翼、无趣乏味。

因此，一个有趣的人，一定是被深深地爱过、被无条件允许过，这让他敢于做自己，能够做自己。

我在陌生人面前无趣，因为小时候每当我和陌生人见面，我的妈妈都总是：叫叔叔，叫阿姨，叫舅舅，叫……；不许拿糖，不许乱跑，不许……

我在陌生环境里被允许过的次数很少，所以在第一次见面的环境里，我会内向紧张，那是潜意识里对自己表现不好的恐惧。

长大后，如果有人愿意带你体验那种安全和被接纳，体验得越多，你越有趣。如果你依然是没人疼没人爱，你依然会在人群中深深渴望归属、渴望被爱，而不敢彰显自己的生命能量。

人都是先归属，然后彰显。

相信归属，或得到归属，就会走向彰显，走向有趣。

因此，你可以找一个这样的人去爱你。或者相信自己，本来就是被人群所爱、所接纳、所允许的，那和你早年的环境不一样。

那么你会越来越放得开，越来越有趣。

我就在这样一条路上，虽然还是有些内向呆板，但我能深刻体验到这些年学心理学以来自己的变化。我开始活过来，成了不鸣则已，一鸣哎吆喂的人。

有一天，我跟一个初识的朋友在吃饭。他的手机响了，是群里有人问：梦见得绝症死了是怎么回事。

有人回复：梦里都是相反的啦。

我这个朋友想问我这个梦应该怎么解，然后想一本正经地回复过去。虽然报梦的人是个他不太喜欢的陌生人。

我说，既然你不喜欢他，就不需要那么认真。你可以回："这个梦的意思是，你可以准备后事了，记得在遗嘱里写上多分我点钱。"

当然我不是鼓励你去伤害人，不是鼓励你犯错，而是鼓励你不那么下意识地怕伤害到别人，怕自己形象没维护好。

不害怕犯错的时候，你才有精力做自己，而这才是对他人保护和爱的前提。

○我就是喜欢你对我发脾气时的样子

1

对亲近的人发脾气，我想是这个世界上最可爱的事之一了。有个你亲近的人愿意跟你发脾气，也是件很幸福的事。

把脾气留给亲爱的人，把客气留给陌生人。我见过很多这么可爱的人。我喜欢那些愿意在亲密的人面前发脾气的人。

2

人在发脾气的时候内心最脆弱，也最柔软。

看古时候打仗，如果一方的军队倾巢而出，那么他的大本营一定是虚空的。关羽就是这么失去荆州的。看很多对抗比赛也是如此，一个人在进攻的时候，也是最容易被打倒的时候，因为那时候他最脆弱。人也一样，当人把全身的能量都集中在攻击上的时候，他的心一定是最软弱的地方。如果你能绕开他外面的攻击看到他的心，一定会发现那里此刻没有任何防备，软得让人心疼。有时候亲近的人发脾气让我们害怕，是因为我们看不到他内在的柔软和脆弱。

人没有受过发脾气的训练的时候，最可爱。就像一个没有受过训的战略家，他派出全部的兵，径直而下，没有后路，没有防备，没有遮掩。这时候你只需要拿出一点点的精力去看看他的心，你就能得到它。

3

生气背后，隐藏着委屈、受伤和害怕。

人生气的时候，会气得发抖。本质上，那是恐惧，是因太害怕而战栗，像一只受了惊吓的小鸟一样。当人在害怕的时候，却不相信有人能保护自己，害怕就会转化为愤怒以保护自己，人就会成为愤怒的小鸟。你去回忆一下自己生气的时候就会发现，除了气得难受外，底下还压抑着很多你细细品味才能感觉到的恐惧。

人在生气的时候，内心也体验到了很多委屈和受伤，觉得自己被深深伤害了。也许从道德与道理上讲，你不该委屈，也没什么大不了的，没什么好生气、好受伤的，但那一刻你就是体验到了委屈和受伤，那感觉真实地存在着。你觉得无辜和绝望，那一刻你受到了伤害，所以你奋起反抗。

没有人愿意主动当侵略者，除非有足够的诱惑。当你不是为侵略而发脾气的时候，一定是因为感受到了受伤而反抗。虽然伤害不一定真实存在，但你就是真实地感受到了委屈。

客观上发生了什么，我并不关心。我只想关心此刻你的内心，感觉怎么样。

当有人愿意看到你的委屈的时候，我相信你的脾气，就没这么剧烈了。

4

我知道当你发脾气的时候，其实你只是想掩饰自己的委屈和受伤。你那剑拔弩张的外表下，有个受伤的小孩，他非常害怕，他蜷缩在角落里，没有人看见他，没有人重视他，没有人关心他，没有人问过他：你还好吗？

于是你学会了“人不能脆弱”“人不能无能”“人不能低头”。你排斥那个脆弱的自己，所以你从来不让他出来。所以你渐渐学会了用反抗的方式保护自己。用外表的强大来掩饰自己受伤的内心，因为你不相信那个受伤的自己是值得被安慰的。

其实这只是你的一个恐惧，你学会的都是假象，是你小时候的经验。当你受伤的时候，你可以直接说此刻你很受伤。当你委屈的时候你可以直接说你很委屈。当你害怕的时候你可以直接说你很害怕。

你可以尝试以下这三种表达，看哪个效果会好一点，让人更舒服、更有利于关系的建设。虽然每种都有失败的可能性：

① 这都是你的错，都是你不好，你不该这么做。

② 我对你很生气，我对你很愤怒，我对你很不满。

③ 我觉得很受伤，此刻我很委屈，我很难过。

这就是一致性表达。更加真实地识别自己的感受，然后去表达它。

5 愤怒只是在表达需要。

当你发脾气的时候，我知道你那个受伤的小孩在需要我，在呼唤我。但是你没办法直接表达需要，所以你就拐了个弯来表达。

我知道你很多时候都不能直接表达自己的需要。我理解你，因为直接表达需要，会让你感到没自尊、没面子。直接表达需要会让你觉得欠我的。你从内心深处也不相信自己是值得被满足的。这些我都看得见。

你既需要我的安慰，又不能直接表达需要。所以你那伟大的潜意识自动选择了用生气的方式表达需要。人太需要一个人的时候，又怕被他发现自己需要他，就会以一种推开他的方式来表达需要。

那一刻我知道你很需要我，就像找不到妈妈的宝宝，他受到了惊吓，哭了很久却没人理。当妈妈回来的时候，他就开始边哭边责怪妈妈，甚至用他的小手打妈妈：你哪去了？你为什么乱走？你不是个好妈妈！

我不会先去解释我为什么不在，更不会去反过来冲他发脾气：“你怎么能够打人呢！”“你脾气怎么这么差！”我只想抱起这个宝宝，告诉他，我一直都在。

发脾气，是一种求爱的方式。发脾气的时候其实是在说：求求你，给我一点爱。

当你的需要被满足的时候，你的脾气就自动停止了。

发脾气是因为对方让他感觉很安全。

人在发脾气的时候其实就是退行（当主体遇到逆境时，放弃已经学到的成熟技巧或方式，以原始幼稚的方法应付当前情景，以降低自身焦虑的心理学行为——编者注）成了一个小孩。发脾气其实是在说：我此刻没有能力为自己负责，我需要你为我负责。这其实就是小孩对妈妈的态度。

退行，只会发生在安全的环境下。环境越安全，人就会退行到越早期。如果你遇到一个脾气非常非常好的人，你能一次次试探他，然后你会退行到婴儿期，会看到自己跟婴儿一样贪婪、自私和哭闹。就是因为我们觉得这个对象是稳定且安全的。如果一个人从来不在我面前发脾气，我会觉得他从来没有真正信任过我，把自己交给过我。

你在我面前发脾气，因为你相信我一直存在，不会离开。你觉得我对你是安全的，所以你相信我，愿意把自己的需要交给我。

撒娇就是一种退行，发脾气也是一种退行，它们都是在表达需要。只不过两者的表现形式不同，但本质却相同。

小孩子有种撒娇方式，就是边哭边擦着鼻涕边嘟着嘴边有模有样地说着狠话，我觉得很可爱。所以当你发脾气，我知道你只是在撒娇。那一刻你不是外面那个风光无限、懂事能干、风度翩翩、知书达理的你，那一刻你只是个撒娇要爱的小孩。

在关系中，你会发现无论男人撒娇还是女人撒娇，其实都很可爱。

7

当你说难听的话，我不会受伤。因为我知道这只是你在表达你的需要，并非在指责我不好。小孩子在生气的时候，都会有几句“你是个坏妈妈，我再也不想理你了”之类的话。如果这个妈妈自身很需要被表扬、被认可，自身带着创伤没有被修复，她就听不得孩子说这样的话，她就会觉得这是个白眼狼：我供你吃、供你喝，你居然否定我，说我是坏妈妈。实际上这时候被孩子激怒的妈妈，也退行到了小孩子，他们只不过是两个都想把对方变成妈妈的小孩子，说着同样的话：

一个说，你应该满足我，应该表扬我。

一个说，你应该满足我，应该照顾我。

我并不会认同你的否定，因为我知道我是个好妈妈。我知道你这些话并不是针对我，你只是要用狠话、难听的话来引发我的注意力。你需要的并不是打败我，而是让我看看你的伤。因为你的潜意识很清楚，说难听的话比好好说话更容易引起另一个人的重视和关注。

当你成为孩子的时候，我不想和你一起退行。我想当一次大人（妈妈），配合你退行。因为我爱你。

当你需要我的时候，我想满足你，而非同时表达“凭啥啊，我还需要你呢”。

我喜欢发脾气时的你，它让你如此童真。你那张成熟、沧桑、美丽的脸庞下，是你愿意对我呈现的孩子气的一面。我喜欢那个孩子时候的你。

我也喜欢不发脾气的你，你的成熟、睿智、知性，可以侃侃而谈，风趣优雅。你拿这部分对待过别人，也对待过我。我喜欢那个大人的你。

我也喜欢允许我发脾气的你，当我受伤、退行、需要你的时候，我会责怪你为什么没有照顾好我，我喜欢你能透过我的吼叫看到我背后的伤，并且告诉我你看到了我，愿意爱我。我喜欢那个可以给我当一次妈妈的你。

每个人都是成人、小孩和父母。只有亲近的人，才能看到全面的你。陌生人，只配看到你那成熟友好的一面。

有人说，那对陌生人发脾气呢？对同事呢？如果你愿意感受一次对陌生人和同事发脾气，那一刻你看似在嫌弃他，实际上你们的心理距离是被拉得很近的，你们有了很深的连接。你的内心深处很需要他照顾一下你，这点是一样的。真正的伤害，是不发脾气扭头就走的绝望。发脾气是因为有期待、有需要，想建立更好的关系。这难道不是在赤裸裸地求爱吗？

我喜欢发脾气的你，因为我看到了你需要我，而不是在否定我或抛弃我，而我愿意满足你。

让一个人不发脾气的方式，不是制止他，让他压抑自己；而是看到他，然后满足他，或者告诉他：很遗憾我现在满足不了你。

我不想让你压抑自己，因为压抑会让你更加远离我。当然，如果我不想爱你、不想满足你，那是另外一回事。但我不会指责你说你不该向我求爱。

情绪化是一种什么化

1

情绪化。

情绪化，就是不能用理性克制自己的情绪冲动，在感情强烈冲动的情况下，做出缺乏理智的行为。

我们在面对万千世界的时候就是会有丰富多变的情绪，这只是面对世界时的自然反应，有没有情绪产生也不是自己说了算的，它会自动发生，因此我们可以接纳并允许一个人有情绪。拥有丰富的情绪不是一件坏事、错事，反而说明这个人很有趣，他活得很真实，他能够对情境做出相应的反应。没有情绪反应能力的人，比有情绪反应能力的人可怕得多。

情绪化之所以具有破坏力，不是因为情绪变化多而快，而是缺乏理性支配。换句话说，造成伤害的不是情绪，而是情绪下的行为。我们每个人都会产生很多情绪，有没有情绪并不是问题，能不能用理性支配情绪下的行为才是问题。

我们需要讨论的，不是有没有情绪，而是避免把情绪过多地付诸行动。有没有情绪自己说了不算，但是否做出相应的行动，就是理性支配的了。

比如说，你可以愤怒，愤怒是被允许的。但是你不要激情杀人，杀人是不被允许的。

理性对情绪下行为的支配程度，显露出一个人的成熟程度。

2

情绪大小便。

我们常常把情绪称为心理上的大小便。随时都产生大小便，是一个人身体自动运作的结果，这个没有好坏，也基本不受你的意识支配。对于一个身体功能没有发育或者身体功能受损的人，他的大小便就是失禁的，比如婴儿和相关成人患者。一个健康、成熟的人，他可以随时随地产生大小便，但是他不会随时随地排泄大小便，他会在合适的时间和合适的情境大小便。因为他会用自己的理性和意志力进行行为支配，不让它即刻付诸行动。即使有时候他因为大量饮水了或者腹泻了，难以忍受，非常想发泄，他也会迅速找到一个合适的环境方便。他不会就地解决的。

因为你是一个成年人，其实你是有随地大小便的自由的，当然法律和道德可能会因为你妨害了公共文明而惩罚你，但你依然有选择那么做的自由。而你不随地大小便的原因很简单：

委屈一下自己，不想影响别人。不然自己会有羞耻感。

人的情绪也是如此，情绪随时都在产生。出于你是一个成年人，你基本上不想因为自己的情绪影响别人，有为因随地发泄所带来的羞耻感而忍耐的能力。即使在家里，对家人，你也不会随地大小便。同样的，我们对家人，也不能随时发泄自己的情绪——心理上的大小便。

情绪化，实际上就是心理上的随意大小便。

成熟的过程，就是你舍不舍得为了别人憋屈一下自己。

3 情绪的延迟满足能力。

情绪发泄是件很有快感的事，正如你有了尿意可以立即排泄时很有快感一样。我们把那些无法憋住自己情绪的行为称为缺乏延迟满足能力。他们追求的是即刻满足。如果你见到一个人情绪化，无法憋住情绪，无法选择适当情境发泄，那么你就知道他缺乏延迟满足能力了。

延迟满足能力是一个人人格健康的另外一个指标。延迟满足的意思是，为了追求更大的目标，获得更大的享受，或者为减少更多的损失，我们可以放弃眼前的诱惑，克制自己的欲望。在情绪问题上的体现就是，克制自己发泄情绪的欲望。

一个成功者，他首先要具备的就是延迟满足能力。也就是耐得住寂寞、经得住挫折、受得住成功，能够居安思危、放弃诱惑、坚定不移地朝着自己的目标努力。当孤单无助来临的时候，他能够忍住，做自己该做的事情而不是去放纵；当挫折到来的时候，他能忍得住受伤和绝望，做自己该做的事情而不是放弃；当他成功的时候，他能忍得住喜悦，而不会欣喜若狂忘记了自己是谁。

也许你会说，这样活着多压抑，难道不累吗?

人如果像婴儿或猪一样活着，由着自己的情绪走，是很轻松。由着自己生殖器的冲动而想大小便就随地解决，很欢乐。可是你要知道这样做在一个生态系统里，终究是一件对自己非常不利的事。而且人之所以为人，除了享受发泄的快感外，还会享受到一种通过忍耐而得来的更加深邃的快乐。那是种更高级的追求。

所以你只需看一个人对情绪下行为的操控能力有多强，你就知道他能把事业做多大了。

延迟满足能力可以通过训练获得。如果错过了小时候最佳的延迟满足训练期，成年后也依然可以获得。你可以刻意训练自己，就像是在健身房里挥汗如雨的时候你怎么说服自己坚持一样。教练会这么教你：当你想放弃的时候，正是坚持开始的时候。

对情绪的忍耐力训练也是如此，每当你想发泄情绪的时候，正是坚持开始的时候。当你想发泄的时候，你可以刻意提醒自己：延迟满足训练现在开始！然后你就憋住不对他人发火。绝望想放弃的时候也是如此。

你也可以邀请一个“教练”——你的伴侣或你常对他发火的那个人，邀请他每当在你想发火的时候就温柔提醒你，现在开始训练，憋住！

你可以创造出100种具体的方法来，篇幅有限，我就不一一列举了。

当然，对于一些过度自控的人来说这并不是什么好事，他们善于并且习惯压抑自己的情绪。这时候就要鼓励他们及时发泄，找到一个平衡点。延迟满足能力过强，会导致失去寻找满足的能力。

4 情绪容器。

我们每个人的身体里都有一个膀胱，膀胱的作用就是容纳尿。一个健康的膀胱，具有良好的容尿能力，膀胱的功能实现了人对于排尿的延迟满足，可以让人在合适的情境里小便。如果膀胱出问题了，就容易导致尿失禁。

人的心理上也有这样一个“膀胱”，我们称它为情绪容器。也就是一个人的身体里本来就有很多情绪，它被情绪容器收纳着。情绪容器对情绪的储存能力，叫作情绪容纳力。

情绪容纳力强的人，对情绪的克制能力就强。克制的意思就是，我能憋住我的情绪不让它随时发泄出来，我可以等到合适的时间用合适的方式发泄。情绪化的人，就是情绪容纳力比较低的人，不具备判断合适时间和合适方式的能力。前面我们说的延迟满足的训练，实际上就是为了增加情绪容纳力。

情绪容纳力强的人，对别人的情绪也能容纳。他能接住别人的情绪，暂时储存在自己这里，然后自行处理，而不会把自己的倒给对方。

实际上随着人的自然成长，我们的情绪容纳力是在增强的，越长大越知道如何克制自己的情绪。有的人没有这样的发展，是因为它的情绪容器在自然状态下本身就已经很满了，别人再给他一点，他就赶紧要急着推开。

这就像是人的膀胱长了结石。当有异物在膀胱壁里占用了空间时，人对尿的容纳力就会降低，就会出现尿频、尿急、尿不尽等现象。同样，人的情绪容器如果自身已经装了很多固有的情绪，就会无法容纳现在发生的情绪，然后出现发泄时间长、发泄时间频繁等现象。

这些固有情绪可能来自两个方面：

平时有情绪不注意处理，总是不敢发泄或不去发泄，不去寻找合适的情境发泄。这就像是一个人憋尿憋久了他也会没了尿意，但是却很伤害膀胱。

一个人如果他小时候的某种情绪不被识别，不被允许，他的这种情绪就会在潜意识里储存。比如说你害怕的时候，如果妈妈不让你哭，你就压抑了害怕的情绪并把它储存了起来。如果你生气了，你会发火，你妈妈会告诉你“不许生气”“不许发火”，然后你就学乖了，学会了“发脾气是不对的”，也将愤怒压抑了起来。

妈妈。

妈妈做了几件事，会导致一个人没有发展出情绪容纳力：

妈妈自己没有容纳能力。自己的情绪无处安放，就容纳不了孩子的情绪。妈妈之所以容易对孩子感到烦，就是因为自己的情绪已经饱和了，不能再承受多一点点了。这时候孩子就不敢有情绪。**小时候情绪没有被接住过的人，长大了也没有接住别人情绪的能力**。所以一个人之所以对他人的情绪敏感，是因为自己没有接住别人情绪的经验和能力。

妈妈不识别、不标记。她不帮孩子识别他的情绪，而是教育他不要有情绪。妈妈禁止的不是行为，而是情绪。这时候情绪就形成了压抑。语言上无法识别和表达自己的情绪，就只能通过行动来表达了。对于情绪，高级的方式就是用语言表达，但是语言无法表达的时候人就会动手，选择用行动来表达。

小时候没有被教会标识情绪，长大了就没有识别自己情绪的意识，会惯性地行为发泄。

我们并不是要你责怪妈妈，如果要怪，至少要怪你姥姥、太姥姥、太太姥姥……就像小时候没有学好外语，你不能怪你妈没教你，毕竟她自己也不会。你要做的是：长大后要付出比小时候更艰辛的努力来学习。你需要意识到的是，小时候你的情绪没有被接住过，长大了你需要重新发展这部分能力。

发展。

发展的方法至少有两个：

其一就是我们前面说的刻意训练延迟满足能力。学会憋屈自己，保护别人。“小不忍则乱大谋”是有道理的，为了系统整体的平衡，你需要牺牲你此刻的感受。不然你爽一下所造成的后果，会反过来对你造成更大的伤害。

其二是情绪语言化。如果你不想憋了，想发泄，你要使用成熟一点的方式发泄：语言化。小时候没有人教你如何用语言表达情绪，长大了你要重新学习语言化。情绪语言化的意思，就是你要学习识别并表达自己的情绪，而不是用行动的方式来表达。比如说“我现在觉得很生气”是情绪语言化，“我现在觉得很委屈、很受伤”则是更成熟的情绪语言化。你可能识别到了自己的愤怒，却没有识别到更深层的委屈和受伤。“我想掐死你”，这就是行动语言化。真去掐了，那就是行动化了。

很多人的内心深处都有着根深蒂固的“人应该有上进心”“人应该努力”“人应该做正经事不应该堕落蹉跎时间”……很多夫妻关系、亲子关系的冲突也会由此产生。在我们网课里，曾经有一个妈妈说起她的现状：特别勤奋，下了班后不仅带孩子，还学英语、跳舞，课外班不断。然后她深恶痛绝地责怪老公爱打牌、游手好闲、好吃懒做、不够努力、没有上进心。他们经常因此冲突不断。

事实并不存在什么“人应该”。所有的“人应该”，都是你在小时候不这么做就会感受到危险，而形成的一种安全生存模式。你做的目的，是潜意识里感受到这样才是安全的，是一种保护机制，而非自愿自发的行为。比如有的家长看不得孩子打游戏、看电视、闲着发呆，就会要求孩子去写作业、做家务。每当孩子休息、娱乐、享受的时候，就会被惩罚。每当他努力、刻苦、忙碌的时候，他就享受到安全感和表扬。

但不是所有家庭都有这样的要求，或者说每个家庭的要求严格程度并不一样。因此就有了对于努力、上进不一样的感受方式。长大后，两个人在一起就会产生差异、冲突和嫌弃。

有人会反驳说，我这么要求他错了吗？人就是应该自律啊。难道人不应该自律，不应该努力，不应该有目标吗？那人活着的目的到底是为了什么？再说我努力、我自律、我定目标，也不是在自虐啊，我都是为了自己好为了他好为了我们好啊，为了实现更美好的生活啊。

这就是一种很典型的两极化思维：人如果不是一直上进努力，就是不努力上进；如果不是应该做，就是不该做。没有中间值。

中间值是：人可以做，可以不做。有时候可以这么做，有时候可以不这么做。有时候可以上进努力，有时候可以堕落逍遥。这才是比较健康的一个状态。什么时候呢？看情况。

健康的人格，应该是灵活、适应情境的。能够随时调整自己适应环境的人格，就是生存最大化、消耗最小化的人格。

不可否认的是，当你有了目标并且为之努力的时候，你的确是可以实现更好的生活。越是坚定，越是容易获得丰厚的回报。但是你可能没有看到的是，你执着于目标、努力和上进的背后，也有惨重的代价。

比如说实现不了的痛苦。当你一定要做一件事的时候，你就给自己设置了一个标准值。达不到它你就会痛苦。比如你对自己的努力设定是

100分，那么当你已经努力了80分的时候，你还是会自责，你对自己的体验就是“我还不够努力”。你的想法就会是“如果我可以更努力，我就……”。当你看到比你更上进的人的时候，你就会陷入自责，觉得自己事事不如人家，觉得自己真的很差劲。

在我们网课里出现过很多这样的情况：定下一个目标，还未实现就又定了更高的目标。当时那个同学说，以前他考试的时候，如果失败了没有冲进前10名，就暗暗发誓下次一定要冲进前5名，逼自己更努力。结果每次目标都实现不了，然后就开始自责，觉得自己一事无成，不配活着。有的同学会说他对自己的目标和能力评估错误。实际上不仅如此，当一个人对自己的现状不满意又很想上进的时候，他就是会自动化地定制高目标来让自己的焦虑得到缓解。这时候定下低目标会让他感觉不到自己是在上进的。

比如说努力时所付出的艰辛代价。一旦你有了“人一定要努力上进”的信念，就难以接受自己休息，也难以接受自己在没有透支完精力的时候停下来。比如有时间就工作，半夜困得不行了还坚持工作，病了也坚持工作，放弃了娱乐坚持工作，卧薪尝胆，相信皇天终不负我。但是，这个结果真的值得你付出这么大的代价吗？

对很多人来说，很多目标都不值得他们付出艰辛的努力。你可以回想一下你的学生时代，你会不会努力学习呢？会不会定个目标一定要让自己考第一呢？我想你肯定做过这种事。

但是有的人就是考不了第一，原因只是你不够努力上进。如果这关乎你的生存，如果你足够努力足够拼，像成功学里说的，“你要比别人努力100倍”，那考个第一问题并不大。但是为什么我们很多人都不能比别人努力100倍呢？因为实在是太辛苦了。比起那些辛苦，你宁愿考10名之外。

你也努力过，但能做的就是稍稍努力，而并没有很努力。

但是你知道吗？有的人就十分努力，真的能比别人努力100倍。这种人你读书的时候应该见过：不谈恋爱，不看小说，不抄作业还主动买各种难题卷子，吃饭20分钟内解决，不休节假日，少喝水以少上厕所，早上4点多起来躲到厕所里背书。结果就是，他们学习就是比我们好。他们之所以这么努力，是因为他们深深知道考不到第一的后果。你考进前10名你妈能乐得不行，全家都会庆祝。他考到第二可能就会挨打挨骂。你考个二本大学就差不多了，他认为如果不考进北大清华一辈子就完蛋了。

所以你们形成了对于考试这个事不同的规条：

你的规条是：人可以努力，太累的时候就算了吧，超出自己精力的时候就需要休息。

他的规条是：人一定要努力上进，即使再苦再累也要坚持。

你努力满足的是自我实现的需要，这个可以有，有了更好，没有也可以接受。他满足的是安全感、生存的需要，这些必须得有，没了就完蛋了。如此一来，就导致你们的付出完全不是一个能量级别。所以你努力不过他们也很正常。

所以很多看起来很有成就的人，他们并不快乐，不享受。因为他们之所以能努力拼搏，是因为他们潜意识里觉得不这样做就会死。学霸考第二会自杀，是因为他真的觉得自己太差劲了，令他们满足的安全感和生存受到了威胁。

然后你和这样一个“一定要努力”的人结婚，他习惯了这样的模式，再看看你：你怎么这么不努力！这么不上进！整天就知道玩！这和你上学的时候，班主任、家长总说你不学习就知道玩一样，实际上你不过是偷偷看了一本小说而已。

你只是允许自己在不想努力上进的时候可以休息，而他要求自己所有时候都必须努力上进。

他决不允许自己放松下来，决不允许自己有享受的感觉。每当放松下来，每当享受的时候，他就会有堕落感、羞耻感。而你可以允许自己有那些感受，所以当你玩的时候、不上进的时候，你可以安然享受。但是因为他做不到安然地虚度时光，所以他也看不得你那么做。

而当你们都不知道其中发生了什么的时候，冲突就成了一种必然。

○不回应是对一个人付出的扼杀

1

我们课程的一个学员，曾经因为老公外遇问题找到我，她十分难过地向我诉苦，说老公怎么不爱她了、背叛她了，并且没有悔过之心。她想离婚，他都不挽留，这让她心灰意冷。她不明白为什么当初那么宠她的老公如今变得如此冷漠，难道曾经的那些爱都是假的吗？

我问她：老公以前爱过你吗？

她说：以前他对我很好，非常的好。

那他以前对你很好的时候你满意吗？

满意啊。

那你满意的时候会告诉他吗？

不会。

不满意的时候呢？

会。

这就很好理解了：如果一个人对你付出7分，然后你看到了他有3分没满足你，你指出来了。他再付出8分，你看到了他有2分没有满足你，你指出来了。那么这个人在这样的环境下久了会发生什么呢？

付出7分等于0分，付出8分等于0分，付出0分还是等于0分。换成是你，你还愿意付出吗？这时候再遇到一个付出3分就能被当成8分的人，你会怎么做呢？

对一个人的付出不回应、忽视、认为理所当然，是对一个人付出动力的扼杀。无论他做什么，你都没感觉、看不见，只享受，还挑剔做得不够好。偶尔让你满意一次，你又决不说出来或一带而过，而当你不满意时，你就浓浓地抹上一笔，把什么都上升到“你不爱我了”的高度。还有比这样对待一个人更残忍的吗？

我又问她：现在对你如此冷漠的老公，已经对你没有一丁点爱的行为了吗？

一丁点都没有。

你确定一点点都没有？

有一点吧。

哪点？

……

然后她潸然泪下，骤然发现这么多年来她怎么一直忽视了自己其实是被爱着的这一事实，是她自己亲手作死了爱情。

2

在我们成长课里出现过很多这样的人。曾经有一位女士特别生气老公一点家务都不做。有次她老公回到家后没换拖鞋就进屋了。

她非常生气：我刚辛苦拖完地，你就这么踩进来了！

老公说：我没看见，又不是故意的。你再拖一遍就是了，多大点事！

她说：你一点活都不干，凭什么我整天拖地！家务应该均摊！

……

你可以想到接下来他们的争执。

“多大点事”就是一个地雷，意思就是你做的都不值一提。老婆真的是那么想要老公也拖地干活吗？未必。其实换一种方式可以完全不一样。如果老公回到家不是没换拖鞋就进门，不是对一尘不染的地板视而不见，不是说一句“我没看见”而是一句“老婆你把地板拖得真干净啊”，结果会很不一样。因为她的付出被看见了。老婆真正在意的是老公不知道感恩和珍惜。

这个老婆会特别介意老公不干家务。除了那些公平、劳累之外的因素，还有一个因素就是：人的潜意识会渴望对方也能做同样的事情，这样对方就能感受到自己的辛苦和付出了，不会只认为这是“多大点事”。

这种现象非常常见。比如当你的成功被另外一人说成是运气的时候，你会生气地说那你自己来试试看，你不在其中根本不知道那些苦。

自己说自己的成功是因为运气好是一种谦虚。别人说你成功是因为运气好，就是对你努力的忽视和否定了，你就容易对他呵呵哒，容易对他产生情绪。

比如我们成长课里出现过的一位男士，他的老婆是个全职太太，钱都问他要。老婆没钱就问他要，没花完就自己存着，下次再要。当家庭需要花费的时候她也不把存着的那些钱拿出来，还是问他要。他内心里就犯嘀咕了，很生气，不想再给老婆钱花了。

客观上来说，这个男士并不是太缺钱，虽然挣钱辛苦，但也能挣到。只是太太这种理所当然的态度让他很痛苦，让他觉得对家庭的付出是被吞没了的。

虽然有的人会说，那太太也在别的地方为家庭付出了呀。那是理性逻辑。人的潜意识里，很难将不同的两件事关联起来，只能关注到当下的事。当下的付出你没有给我回应，我就是会有被吞没感而想停止继续付出。

被吞没，是每个人内心深处的一种恐惧。

3

回应是对一个人非常重要的付出。回应的意思就是：我不仅看到了你没做好的部分，我更看到了你做好的部分。我看到你在这样那样的情景下所有的付出。即使那是你应该做的，我也想把它表达给你，告诉你，我看到了，接收到了。并且，我很感谢你。

缺少回应，就会给对方造成一种自己没付出的错觉。就像是向水面扔了一颗石头，却没有激起水花，没有响应。你会怀疑那是不是个黑洞。

对于你的不回应，他也会将其认同为自己没有付出，这就会激活他自身的挫败感。他会觉得自己没用、无能、做不好，然后想做更多。短时间内你是获益的，因为你的忽视让他加倍付出了。但是你很快就会透支完他的付出，让他体验到付出和不付出一样让人痛苦和压抑，都不被看见。

正如你在一片土地上种一颗种子，你满怀希望它能开花结果。一段时间后它没有发芽，然后你恍惚了一下，怀疑自己可能是忘了种，于是你又种了一颗，再种了一颗。土地很贪婪地得到了好几颗种子——结果却是，你可能再也不想在这里播种了。

4

你为什么会如此地习惯不回应他的努力和付出呢？

我去问这些不习惯回应付出的人：如果你看到了对方的付出，如果你重视了对方的付出，并且当下就表达了出来，对对方的付出有很多感激和感动，会怎么样呢？这些人有至少3种潜在的恐惧：

① 怕你骄傲，怕你不付出了。这就是小时候妈妈常说的话：不要骄

傲。所以不表扬你，不看见你，不认可你。实际上呢？对一个人的看见和认可，会让他停止脚步吗？他只会更开心地去做而已，因为你让他知道那是有意义的。

② 我就欠你的了。如果我重视并接受了你的付出，我就欠你的了。我还得总想着还，这种感觉给我很大压力。这是我们内心深处很强烈的不值得感，我不值得一个人对我好，所以如果我深深感受到了一个人的好，我就必须回报他来抵消。可是我不想为他做更多事情，所以就只好选择忽视，假装看不见他的付出。

③ 我就会依赖你。如果我重视并接受了你的付出，我会习惯了你的好而失去了自我。万一哪天你走了，你不付出了怎么办？我内心无法相信一个人会永远对我好，所以不能放开来依赖他，不能完全信任他。这也是我们内心很深的“不值得被爱”的感觉。因为你的内心深处并不相信你们会一直在一起，并不相信他会一直对你好，所以你就这么一步一步地让你“期待”的事发生了。这就是人的潜意识：宁愿相信自己的感觉是对的，也不愿意相信事实是好的。而**完全信任和依赖一个人，是需要非常强大的心理素质的。**

因此核心问题就是：你的内心深处，愿意相信美好、幸福和爱是属于你的吗？你敢享受那种被爱的感觉吗？

5

你也总是忽视自己的努力，不肯欣赏自己。一个不能欣赏和看见自己的人，是没有能力看见他人的。

你一定也有一个总是被忽视的童年。你做什么，都不被爸妈看见，无论你怎么努力，你被看到的都是没做好的部分，得不到肯定和认可。长大后，你就学会了这么对自己，不爱自己；而同时，你也会这么对别人，不能爱别人。

在积极心理学取向的咨询里，我们会倾向于写出自己和对方的20个优点。你也可以练习一下，去找你还在爱的证明，而非已经不爱了的证明；去发现自己做到的部分，而非没做到的部分。

你盯着哪部分，哪部分就会变多。

对付出最好的回报就是回应他。对自己也是这样，看到自己的辛苦和努力，然后安慰和欣赏自己。这样，你也就能够看到他人的付出了。

当然不排除个别真的不爱了的人和某些奇葩。本文不代表所有情况。

○你以为优秀了 就被别人喜欢了？

在我们的成长课上，经常出现这样的逻辑：

你只有优秀了，别人才会喜欢你啊。

你只有做好了，别人才会接纳你啊。

然后他们就会在生活中有这样的表现：

① 努力追求优秀。虽然追求优秀的人不一定都是为了让别人喜欢，但还是有很多人是因为认定只有优秀了才会被别人喜欢而努力想变优秀的。他们的一个基本价值观就是：我做事情就要做好，甚至要做到最好。他们不能接纳自己做得不好，不能接纳自己表现不好，所以就会各种累、倦怠、无助、自我否定、孤独甚至迷茫。没有人支持，没有人理解。他们所在乎的是他人眼中的自己是否优秀。

② 在乎自己的形象。他们在社交中，会在意自己穿着是否得体，言语是否大方。然后他们会有着很多的心理活动：我这样对不对，合不合适，恰不恰当，会不会被嫌弃，被嘲笑……继而为社交焦虑。他们所在乎的是他人眼中自己的形象是否是好的。

③ 看起来很关心别人。我这么说这么做好不好啊，合不合适啊，会不会给别人添麻烦啊，会不会影响到别人啊，他会怎么看我啊。继而出现社交紧张。他们所在乎的是自己是否是个好人。

④ 很能装。我们知道一个人注定不能完美无缺，当一个人在社交中总是想表现好的时候，就会有意无意彰显自己好的部分，掩盖自己不好的部分。他们很在乎自己做得好不好。

⑤ 回避社交。当一个人社交要努力做些自己不想做的事，一点都不放松。自然就越来越回避了，即使意识上知道这是一件“应该做”的事。

世界上需要见的人，大致也只有这两种：不洗头可以见的，洗了头才能见的。当前者数量几乎没有，后者数量非常庞大的时候，人就会越来越趋于回避社交了。

很累，很心塞。

2

我很难跟这类人建立深入的关系，因为他们眼里只有自己。或者更准确地说：他们在乎自己的形象，超过了在乎对方。

我们愿意跟一个人建立关系，愿意喜欢他，基本上有两种情况：

① 他很优秀。我想靠近他，因为他的优秀能给我带来直接或者间接的好处。

② 他让我舒服。跟他在一起的时候，他的某些特质让我感觉到我很放松、很满足、很开心。

换种表达就是：

① 你对我是否有用，我喜欢的是你拥有的。

② 你对我是否有感情，我喜欢的是你这个人。

所以我从来不反对人为了得到他人的喜欢而变得优秀。工作兢兢业业，赚很多很多钱，变得很漂亮很好看，掌握很多很多知识，博学多才博闻多智博财多金——因为他们真的能得到他们想要的喜欢，至少看起来是这样的。

然而他们却很难有一段持久的、和谐的亲密关系，甚至不能有些好兄弟、好闺蜜，不能有那种无话不谈的人。

因为他们要时刻在意自己好不好啊。他们哪有精力看到别人？

3

通过优秀去建立关系，可以建立很多关系。你可以成为公众人物，或者单位的大小领导，因为你的确可以让很多人都愿意靠近你。但是你却不能建立深入、亲密、高质量的情感关系。

高质量关系并非因为你优秀与否，而是取决于跟你在一起对方是否舒服。

那么你跟我在一起的时候，你做什么我才会舒服呢？不是你多牛逼，而是你是否愿意看见我。

当你跟我在一起的时候，你是否愿意关注我、认可我、接纳我、理解我、看到我。当我否定自己的时候，你是否能支持我？当我感到悲哀的时候，你是否能陪伴我？当我劳累的时候，你是否能帮助我？当我需要你的时候，你是否能出现在我的面前？

曾经，有只小猪掉到坑里了，爬不上来。坑上面，有只小鹿。小鹿望了望小猪说：我美不美？帅不帅？厉害不厉害？优秀不优秀？智商高不高？其实小鹿是多么想跟小猪建立关系啊。

还有只小兔，他看着小猪说：小猪小猪，我怎么样才可以帮你？

小猪说：你去找根绳子。小兔找来了。小猪说：把绳子扔下来。小兔扔下来了。小猪说：你傻啊，你要握住绳子的一头啊。小兔跳到了坑里握住了绳子的一头，说：现在我握住了，然后呢？

也许小鹿和小兔对小猪来说，效果都是一样的，没人能帮得了他。但是小猪会喜欢谁，愿意跟谁建立情感上的连接呢？

至少在心理上，小兔看见了小猪，让他体验到了部分满足。

所以我们愿意喜欢一个人，愿意靠近一个人，跟他建立深入的关系，有很大的动力是来自于：你的眼里是否看得见我，是否懂得我的需要，即使你很挫、很笨。

有的姑娘嫁给了优秀的、开宝马的人，却独守空宅。

有的姑娘嫁给了会哄她的、摆地摊的人，但其乐融融。

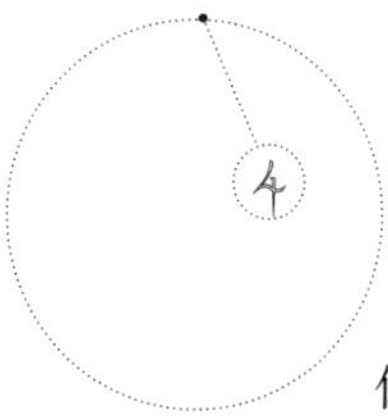

当然我们不需要对立。开宝马和会哄姑娘，可以同时兼得。优秀和看见别人，也可以同时兼得。

只是我想说的是：

你的目标如果是跟他人建立关系，让身边的人喜欢你、接纳你，那么看见别人比变得优秀更重要。

盲目地追求优秀、高大的形象，会占据你大量的时间和心思，让你的精力总在关注自己好不好上，而不会有太多的精力关注别人。

他人确实会被你吸引，尝试靠近你，终究又被你的自恋和自私推开，无法跟你建立深入关系。

反之，当你学会了跟别人建立关系，看到别人的需求，那么你就拥有了很多很多资源，反而更容易变得优秀起来。

马云在创业的时候说过：阿里巴巴的任务，并不是要做成功，而是要帮助每个做生意的人成功。你帮他们赚到100块钱，他们自然愿意给你5块钱。

结果就是阿里巴巴比每个做生意的都有钱。

关注自己和关注别人，效果是完全不一样的。

5

接着，我们讨论一下，为什么会形成这种奇怪的价值观——你优秀了别人才会喜欢你啊。

因为早年爸爸妈妈就是这么对待你的。虽然他们可能没有义正词严地说过，但是话里话外都会透露着些许：你要优秀啊，你优秀了我才爱你啊。

长大后你就会带着这种感觉看待别人：我表现完毕，请检阅。

优秀准备完毕，请指示，是否喜欢我。

在小孩子眼里，爸爸妈妈是完美的，他们掌握了无限的权力和资源，他们对我们很重要。长大后，我们眼里的他人也是如此，我们把他人理想化，认为他们也掌握了喜不喜欢我的权力，而完全看不见真实的他们。

真实的他人就是：

他们有脆弱，有哀伤。也害怕不被喜欢，害怕会做错事。他们也需要被我们赦免，需要我们主动，想听我们说没关系和你真棒。

这就是我们为什么要成长：为了能和他人建立稳定的、持久的、亲密的、深入的情感关系。

⊙脾气暴躁是怎么回事

有些人总是忍不住脾气暴躁，动不动火冒三丈，摔杯子砸碗，能吓活个死人。

以前我挺害怕他们的。我有脾气不太好的爸妈，从小就在叮叮咣咣声中长大。长大后，我也成了一个脾气不怎么好的人，在亲密关系里动不动就一惊一乍，暴躁得很——你终究会在亲密关系里复制当年的父母。其实我也很想改，但是怎么都改不掉，直到后来学了心理学，才慢慢理解了，消化了。

所以我很能理解脾气暴躁。

脾气暴躁的人，从心理动力来看，真的挺可怜的：

脾气暴躁是我们潜意识在感受到危险有可能出现的时候，所作出的应激抗争反应。

注意，是潜意识里感受到的危险的可能性，而非真实的危险发生。

如果一个人对这个世界充满了不安全感，对人充满了不信任，他随时都在无意识地做着应激准备，身体是硬的、紧绷的，容易体验到焦虑，经常性心跳加速、心慌等。他无法跟人建立亲密的深度关系，他要随时准备着反抗。因此当他体验到危险的可能性时，他就会自动化应对，开始跟你打仗：调动全身心能量，启动应激机制，努力发出声音，用尽浑身力气一股脑地攻击你，想要喝退敌人。这就是脾气暴躁。

他太害怕被伤害了，而且感觉随时都可能被伤害。

你在后面突然轻拍一个人，不同的人会有不同反应。安全感高的人，会慢慢地回头看看那是谁。安全感低的人，会惊一下甚至叫出来。安全感低的人，潜意识里会觉得这个世界充满了敌意，是十分危险的。而且他不相信有人能安抚他。

因为他就是这么长大的。在他成长的世界里，到处都是危险，他随时都在应激反应状态下。

在我们的课里，有学员发出过类似的疑问：

丈夫的父亲性格暴躁，小时候他做错事了就是一顿暴打。现在丈夫的脾气也很差，一点小事就暴跳如雷。对此，这个学员既害怕又担心，不知道该怎么面对而想离婚。

这个丈夫就是在这样一种紧张的家庭氛围中长大的。对于小孩子来说，面对父母的争吵、批评、责怪甚至暴打，小孩子不得不随时准备好应对。紧张起来有准备地被打骂要比正在放松享受的时候被打骂，好接受多了。

家这个字眼本来是温暖和港湾的象征。父母，本来是支持和接纳的代名词。但是原本最安全、最可靠的事物都变得随时充满了危险，那么小孩子在成长的过程中还能依靠什么呢？他只能随时做好应对危险的准备了。

在小孩子的世界里，他还需要一个好的父母给他安慰、支持、保护，他还不太具备承受能力。那么，在这种情景下，小孩子首先就会选择退缩。看起来文静、内向、老实、怯懦，因为他的能量处于收缩状态。但是一旦有一个安全的环境出现，他就会选择爆发。

安全的环境的意思是，我评估到这个环境我能应对得了。外面的大千世界，我知道我打不过，我只能选择退缩保护自己。但是在安全的环境里，我就敢于反抗了。所以脾气暴躁，通常发生在对此人而言安全的人身上：家人、恋人、孩子以及看起来很弱的陌生人或下属。一点点小的刺激，对他来说都会激发危险的体验。

而对被评估为不安全的环境，人则要用理性、客气、逃避等方式来抽离感受，保护好那个真正的自己。

因此也许你只是好言对他，正常说话，却会不小心戳痛他，他潜意识里体验到的是被激活的危险。

他自己不一定知道他害怕，他只是很愤怒。他就是莫名其妙地忍不住爆发。

但其实他需要的是安抚。

愤怒本身就是对恐惧的防御。我们太害怕受伤了，所以用愤怒喝退敌人。

就像是受了惊吓的小孩子，很需要妈妈的一句：宝宝不怕，有妈妈在。然后宝宝会哇哇大哭，哭的过程一直得到安抚，于是小孩子就安心了。

人长大后，脾气暴躁，也有着同样的体验，那是受惊的体验。他也需要一种安抚。哇哇大哭已经成了嗷嗷大叫。他需要在叫后听到：别生气，我在；别怕，我在。

这时候如果你逃避，想离开，就会激发他更大的暴躁，因为对他来说，一切变得更危险了。

如果你能看到他生气背后的恐惧，你就走近了他。你能贴着他的恐惧，他就不会暴躁。

当然这需要你有较高的安全感，你能在他咆哮、暴躁的时候，不感觉受到了惊吓，而只是看到了一个受伤的小孩。

这种能力源于你小时候没有被过度惊吓过。或者，你在心理咨询师那里得到过良好的修复，又或者，你被另外一个人温暖过、疗愈过。

如果你没有能力接住，那就会变成互相伤害。

暴躁，只是想让你看到那个受伤的小孩。

如果你脾气暴躁了，你也可以试试跟自己内心的害怕呆一会儿。看到其实没有危险，你也可以一致性地表达给自己：我此刻很需要你看到我，很需要你安抚我。

我们每个人都可能是脾气暴躁的人——当你感受到的危险达到你的反应值的时候。

我为什么有时候难以赞美别人？

1

赞美别人是一种美德，如果赞美走心的话。但这种美德，对很多人来说常常是艰难的，甚至是缺失的。

我们都知道由衷地赞美一个人有很重要的意义。在伴侣关系中，一句真心的赞美，可以让很大的冲突瞬时化解为和谐甜蜜。在同事或朋友关系中，一句真心的赞美，可以迅速拉近彼此间的关系。

对于赞美，我们很多人总是用得太少，要的却太多。虽然它不需要什么人民币成本，但是使用起来却需要很高的心理成本。

也就是我们在对一个人表达赞美之前，通常需要花点力气去搜索自己的词汇；即使找到了词汇也需要花点力气做决定去表达；即使决定了去表达也需要一个大的推动力去张开嘴发出声音；即使发出声音，我们的语言又常常词不达意。

更多的时候，是我们不愿意发现别人的好。对于伴侣和亲密的人，莫不如此。

对于身边的人，我们能发现别人的好，可我们更多的是羡慕，有时候会嫉妒，偶尔会恨。不过我们不太想告诉他。

羡慕的意思是：我也想和你一样，拥有这些好。

2

为什么我们不愿意发现别人的好，或者不愿意对他们本人表达呢?

我们潜意识里有个逻辑：好只能有一个。

如果我把好给了你，我就不能好了；如果我承认你好了，就意味着我不好了——如此简洁的二元逻辑。

如果我们之间的好只能有一个，我会毫不犹豫地把它留给自己。所以我不愿意夸你。夸你，等于损伤了自己。

我们潜意识里无法确认自己是好的，所以一定要通过跟你比较才能感受到我是好的。我们有着婴儿一样的幻想：只要我不说你好，你就不是真的好。只要我不去发现你的好，你就不是真的好。

3

反之，我还要找到你不好的地方并大方地告诉你。

表面上看起来，你是真的不好：长得不够漂亮，脑子不够聪明，着装不够得体，工作不够出色，学识不够丰富，态度不够认真……

但是潜意识里，我为什么要发现这些不好，而不愿意先发现好呢？为什么我愿意表达这些不好，而不愿意表达好呢？

因为我要赋予自己这样一个资格：我有资格评判你。

当我在评判你的时候，我能获得一点优越感。我找出我比你好的地方来表达，我就能在这个时刻感受到我是比你好的。我不会在我比你差的领域里评判你，我只会在我比你好的方面评判你。

借助于发现你的不好，可以显示出我的好。

所以我们责怪一个人不好，很多时候只是表面上我们觉得他不够好，其实在我们更深层的心理世界里，我们这么做只是为了凸显自己。

潜意识里，关注自己比关注别人重要多了。

4

我还有另外一个手段：诱导你说我好。

有三个诱导级别：

表现出我好的一面给你和别人看。发好看的朋友圈，穿好看的衣服，读深奥的书……

当这些都不能实现你主动说我好的时候，我就暗示让你说我好：说话有意无意地带点优越感，比如自己去过哪些地方、知道哪些道理、有着怎样的背景。

当这些暗示都无效的时候，我会直接要求你说我好：看我这个衣服漂亮不？我是不是很厉害？我敢说，我绝对是全国最好的×××。

那些显摆、优越感、自我吹捧、自恋的背后，有着太低的自尊水平，这样的人太害怕别人看不到他的好。因为他们内心深处并不觉得自己好，才需要处处获取证明。他们才是可怜的穷人，可怜巴巴地想要你说一个好，他好有一点点满足感。

如果你善良，就不要识破他。他要，你就给他一点。

如果你因为他的这些行为不舒服了，是因为你也想这么做，却被他先做了。或者你也想这么做，却做不出来。你明明也需要别人都说你好，又怎么能允许他这么爱表现自己。

5

有时候我们是有能力表达另外一个人的好的。有两种情况：

这个人比我差太多。我在他面前，已经获得了很强的满足感，我在他面前的存在感已经被充分认可，不需要任何其他形式的证明了。所以我敢于鼓励他，敢于表达他的好。比如说老师对学生，因为老师本来就比学生厉害，所以老师敢于发现学生的好。但是老师和老师之间却很难由衷地表达对方很好，最多能客气地说你不错，这还是为了凸显自己的修养。

这个人比我强太多。在他面前，能和他产生关系本身就给我满足感。比如对某大牛，赞美他不会让我感觉到我很差，反而会让我感觉很好。我愿意在他面前臣服自己，这不会让我感觉到自尊水平受损。

相反的，我们如果难以赞美别人，潜意识里一定发生了这样一件事：他跟我水平相当，或者比我好一点。

在你面前，我无法确认自己是好的。

这是潜意识里的，并不是角色里的。妈妈不肯赞美孩子，也是因为妈妈无法在孩子面前找到绝对的自信，潜意识里认为自己和孩子一个水平。伴侣之间、同事之间的无法相互赞美，也是如此。

赞美很假。

你说赞美很重要，可是让我赞美一个本来就不好的人，我会觉得很假，更不愿意说。这其实只是一个借口。世界上并不缺少美，只是缺少发现美的眼睛。

你可以通过这两个方式来做得不假：

看到他好的一面，选择性表达。这也是半杯水理论：这里有半杯水，你看到空的部分呢，还是看到有的部分呢？

从多个视角去表达。世界上没有绝对的好坏之分，只有视角不同。不同的视角下，会看到不同的好坏，好坏也因为视角不同，而有了不同的定义。

比如最简单的划分：大众视角和个人视角。从大众的角度看，××行为和××表现的确是不好的，但是就没有可以从这个部分里看到的好的视角吗?

懒惰不好吗？有时候懒惰是爱自己的表现。发脾气不好吗？发脾气运用得当，就是一种敢于发出自己声音的行为。胖不美吗？搭上你这件衣服，会显得很有气质。怎么？你说没有气质？那是你的审美可能出了问题。你说大家都觉得没有气质？用“大家都”来证明，那你就到了大众视角。你不可以拥有你独特的审美吗？毕加索的画到底是好看还是不好看，除了大众视角，你还可以有个人视角。

世界上并没有坏，只有被看错了角度的好。

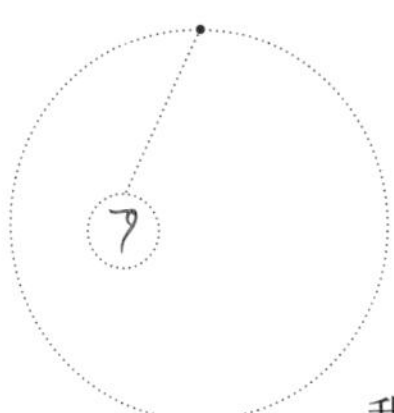

我无法赞美别人。

本质上就是无法赞美自己。我无法发现自己的好，对自己充满了攻击、批评，经常发现自己不好。

我不知道该怎么去悦纳自己，我对自己的要求很高。所以赞美对我来说太陌生，我只会用熟悉的方式，即我对待自己的方式对你：发现不好。

所以如果我对你不够宽容、不够欣赏，对你有过多的挑剔、责怪，那一定是因为我对自己也是这样的。这不是你的错。

这是因为我太爱你，才把你当成了自己。我不想我们之间有界限，我就把你当成了我。

○是什么

让我们

沉浸在情绪里

难以自拔？

1 归因：解释风格。

当你遇到一件跟你期待不一致的事的时候，你可能会产生各种情绪。

比如你突然发现被出轨了。你可能会失望、伤心、难过、生气……

人需要有点确定感，就会为发生的事情寻找解释，会去想这是谁的原因，发生了什么导致了这个事件。然后你会找更多的解释、证据、想法，来让自己越来越有情绪。

这个解释的过程，就叫作归因。

根据常识我们也知道，一件事情的发生，一定是多方面、多因素综合导致的。

归因理论认为，人对于一件事的解释，有3个维度和6个值：

内—外方向：

即内归因和外归因。我们把这件事情的发生归结为自己内在原因导致，还是他人、环境等外在原因导致。

比如是我的什么特点、我做了什么导致了他出轨，就是内归因。他做了什么、他是个什么样的人导致了他出轨就是外归因。

稳定—不稳定值：

即稳定归因和不稳定归因。我们会把一件事归结为稳定性高、较难变化、不怎么随着情境变化而变化的因素，还是稳定性低、容易变化、随着情境不同而不同的因素。

比如是我长得难看、他是个花心的人等导致了他出轨，这是稳定归因。我不该把他最爱的游戏删号、他不该被某人诱惑，这是不稳定归因。

可控—不可控度：

即可控归因和不可控归因。导致这件事发生的因素是可以通过人为控制改变的，还是较难甚至不能通过人为控制改变的。

比如我其实可以天天给他做饭、对他好一点，他就不会离开我了就是可控的。他人品有问题就是不可控的。

对于被出轨了、被分手，我们至少有12个原因可以解释。不同的解释，会让人有不同的情绪。

任何事情的发生，一定能在这3个维度6个值上找到至少各两个原因。也就是对于一件事的解释，你找到12个及以上的不同原因，才算理性和客观。

但上帝设计大脑的时候，可能走了个神，让人容易一根筋。人一旦对某个问题产生了特定的解释，基本就停止了朝其他方向思考的可能性。

我们太习惯只找到一个原因来理解一件事，这时候我们就会停止思考，沉浸在情绪里。即，使用线性的、单一的归因方式来解释。

当你坚持认为是他人品有问题的时候，你就会越想越生气；当你坚持认为是自己不够有魅力的时候，你就会越想越难过。

2

愤怒、委屈、对他人及关系的失望。

在我们的成长课里，有个同学讲过这样一件事：

闺蜜开车去接她，她迟到了4分钟才下楼。闺蜜火大，她也火大。然后两个人的关系迅速走冷。她火大的理由是：不就是等了4分钟吗？你怎么脾气这么不好。即使是我错了，有必要为了4分钟的迟到而大发雷霆吗？

她采用了“闺蜜的脾气不好”来解释这件事。这是一个外在的、稳定的、不可控的归因。脾气是他人的，属于外归因。脾气是稳定度较高、不随着情境变化而变化的，是稳定归因。脾气是个人难以控制的因素，是不可控归因。

当她采用这个归因的时候，就停止了其他方向的思考。然后她继续寻找大量的证据证明自己的这个想法：这个人脾气不好，今天吃了枪药，不懂得尊重别人、没有耐心、不大度、骄傲……然后她会越想越气，继而对这段关系更加失望。

线性的意思就是：想出很多原因来，归因虽然不再单一，但是却在同一条线上。怎么想都跳不到其他线上去，只能在这条线上越走越远。

我们可以看到：线性的归因方式，会喂养情绪。线越长，情绪越烈。

我们把原因统统归给他人是一件很爽的事。当我们坚持认为是且仅是他人原因导致问题出现的时候，我们就可以不用为此负责任了。我们可以通过幻想他人改变，来让自己舒服点。本质上来说，这就是婴儿的自恋：我希望全世界都改变，来围绕着我服务。

甚至我们归因为外在、不稳定值的原因的时候，比如说运气、机会，我们的潜意识里就开始在幻想：要是老天爷也围着我转该有多好。

典型的例子就是：我读书读不进去，是光线太暗、环境太吵导致的。

然而外归因的代价却是：我们会变得更加愤怒、委屈、怨恨……

后来我对她做了干预：请从自身出发找出3个以上的原因来解释闺蜜发火。

她说：

我迟到了4分钟没有说对不起或抱歉久等了，让她感觉我很拽；

人家本身就是开车来接我、帮助我，我还理所当然；

我忽略了马路上不让停车，没意识到她等待4分钟是充满焦虑的……

我问她从这个角度思考后感觉怎么样。她说，没那么生气了，知道当时怎么处理会让关系更好点了。

这还是个比较聪明的同学。

她使用的新的归因法是：“我太理所当然了”“我错在先却没有为该事道歉”“我忽略了她的感受”。

归因为自己的原因导致的，是内归因；归因为跟情境相关的、稳定值较低的原因，是不稳定归因；可以通过自己简单的改变使结果不同的，是可控的归因。

3 自责、自我攻击、对自己的失望及绝望。

之所以说前面这个同学比较聪明，是因为她没有把内归因导向稳定的归因里去。比如说：我魅力不够、家境不够好、长得不够高，才导致了闺蜜对我不好。

这样的归因你会不会感觉怪怪的？

魅力是个内归因，也是可以通过个人努力改变的，却是个稳定值高、可控的归因。家境、相貌也是内归因，但却难以通过个人努力而改变，是个稳定值高、不可控的归因。

比如我们课上有个工程师，当他工作做得不够好的时候经常绝望和自责。他对此的解释是：自己脑子笨。他采用了“脑子笨”的归因来解释自己工作的失败。这是一个内在的、稳定值高、可控的归因。

当他一旦沉浸在线性的归因里时，就会找到更多的证据证明自己：以前读书的时候就只能靠拼时间来取得好成绩，这都是因为脑子笨。

从这里我们也可以发现：

内归因很多时候只是看起来很好的自我反省。然而并不是所有的自省都是有效的。并不是把所有问题都往自己身上揽，就是好事。无效的内归因，会让一个人越来越自责、自我攻击、嫌弃自己、对自己失望。这对于问题的解决，没有任何的帮助。

我们读了很多书，懂得了很多道理，知道了把责任归为他人是不够有担当的，所以我们学会了找自己的麻烦。但我们的潜意识依然非常聪明地找到了稳定且几乎不可控的因素：

我没做好，是因为我太笨。归因为智力水平；

我失败了，是因为我不够努力。归因为努力程度；

我处理不好关系，是因为我自己缺少爱的能力；

他不喜欢我，是因为我长得太丑、太胖。

都是因为我大脑发育不良、身高不够、家境不好、身材不好……这些都是基本不可改变的因素。当我们发现是这些自身不可改变的因素导致的时候，我们就是在跟潜意识说：这是不可改变的，这就是你的命，你把事情搞成这样是正常的、是活该，你就认命吧。潜意识用这种方式逃避了改变的可能性。

我当时对这个工程师做了个小小的干预：找出只属于这件事的因素，

你可以做些什么让结果更好。

他说：跟领导好好解释，学会拒绝同事给的活儿，当感觉自己不能胜任的时候，就学会表达真实的自己。

4

如何改变。

归因为可控的因素，是比较成熟的策略。

如果你觉得改变自己容易，就较多地进行内归因；如果你觉得他人容易改变，就较多地外归因。

如果你的希望品质建立得好，你尽可以归因为稳定或不稳定的因素。如果你的希望品质建立得不够好，你需要尽可能地找到只针对事件的、容易改变的、容易做到的因素进行归因。

我说说希望品质在稳定因素中的应用。

魅力、性格、努力程度、智力水平、学历、体型甚至身高，这些稳定因素的可控程度取决于个体对自己的希望品质建立得有多强。

对于一个希望品质建立得好的人，这些因素对他们来说就是可控因素。也就是说他们相信自己可以通过某些行为来改变这些特点。他会这样去处理自己的这些特点："我可以制定一个长期的计划，来逐渐提升我的智力水平、努力程度、爱的能力、魅力等，我可以通过学习、练习、实践等方式提升自己。"这就是一个较为成熟的、可以让自己越来越好的归因。

但是对于一些希望品质建立得差的人，这些稳定因素几乎不可控，他们不相信可以通过自己的努力来改变这些因素。

归因的因素可控不可控，都是由个人的感受决定的。如果个体认为归因的因素可控而选择了积极改变，那么这就是一个积极处理事件的态度。如果个体认为不可控或较难控而选择对自己失望或气馁，就是一种逃避责任的方式了。

多找出可控性强的因素是非常有必要的，可控性强意味着问题解决起来容易，会增加个人的希望品质。一件事发生的原因，除了有个人品质等稳定性较高的因素外，还有针对事件本身的稳定性较低的因素。

5

责任与成熟。

一个成熟的人应该具有这样的归因方式：

① 能够从多维度进行全面、客观的归因，解释自己为什么遇到这样的事。

② 能够找到并专注于有利于事情解决的归因方式，而不是滋养情绪的方式。

也就是：

一个成熟的人，他在遇到一个问题的时候，愿意去思考怎么面对；而一个不成熟的人，会找到可以让他逃避责任的原因而不是想去解决问题。

一个成熟的人使用有效的归因来解释事件，从而获得可改变的可能性；一个不成熟的人会使用无效的归因来解释事件，放过自己或推给他人。

我们都喜欢逃避。任务难度增加，会导致人逃避几率的加大。

逃避责任，可以让人感觉轻松，假装自己是个婴儿。

面对事实，则是一种承担，不怎么轻松，但会有种更深层次的愉悦感和成就感。

我们也可以发现，如果想逃避责任，让自己轻松点，你只要幻想成自己还是个婴儿，只要多找些：

他人的原因、不可改变的原因、稳定值较高的原因。比如他人人品有问题。

但是如果你想以解决问题为导向，面对自己，做个需要为自己和结果负责的成年人，你就需要找一些：自己的原因、稳定值较低的原因、可控性较高的原因。比如说这件事如果我××做，会更好。

成为一个成熟的人，有时候很简单。你不需要改变自己，你只需要拓宽自己就好了：

拓宽你的归因风格，而不是沉浸在线性的、单一的归因方式里。对于事件的解释，不仅只有你想的那1个，至少有12个呢。

而相对无效的解释，会让你沉浸在情绪里停止思考。

有效的解释，会让你找到改变点，从而能够对症下药。

○有些人，一生都没有过家

1

“家”对你来说，是怎样一种体验呢？

你觉得家应该是怎样的？

或者说，你渴望的家是什么样子的？

我理解的家，首先是一个港湾。家最大的感觉，应该是一种归宿和停靠。当你累了的时候，家给你温暖与拥抱；当你孤单的时候，家给你陪伴；当你落寞的时候，家给你支持；当你委屈的时候，有人理解你；当你无助的时候，可以得到安慰；当你开心的时候，可以撒娇任性；当你犯错误的时候，有人告诉你没关系，你是可以犯错的。家就是一个充电的地方。有了它，多远多难都不怕。

家在我的印象里，应该自由、包容、是我们最坚实的保护，是一个温馨的环境，是幸福温暖的。

我们对家的期待大都如此吧。然而现实却是，对很多人来说，这些都是奢望。他们必须不停奋斗，攒更多的钱，犯更少的错，更功成名就来获得安全感。他们甚至不能休息、不能偷懒、不能任性，因为他体验到除了自己，没有人会保护他。

换句话说，他们可以有父母、有恋人、有孩子、有房子、有朋友、有钱、有成就，却始终没有家的感觉。很多人一生都没有家。

家人都在，却感觉自己是个孤儿。

这种没家的感觉，从小时候，很小的时候，就开始了。以至于长大后，我们觉得这很正常。

2

曾有人给我留言说：有的人好吃懒做，可父母一样爱他，而我却羡慕不来。

看到这句话的时候，我感到一阵鼻酸。我已经想到在他身上发生过什么了。好吃懒做的时候，父母不仅不爱他，还会各种责怪批评甚至打骂他。在这些年学习心理学的生涯里，我听到了很多让人心酸的事：

比如说起床。常理来说，起床应该是自由的。当我们感觉到懒惰、劳累、疲惫的时候，就非常想任性一下。当我们忙碌了很久，想好好休息，就是想有个地方可以让我们自在地睡个懒觉。但是很多家庭对晚起这件事的容忍度很低。

曾有人跟我说：她必须七点前起床，还没有起的话她妈妈就会拿针扎她起来。开始我听到的时候，感觉这像是电视剧里容嬷嬷在对待夏紫薇。但是后来她跟我说，这是真实发生的事，并不是拿针吓唬她时，我感觉到一阵毛骨悚然。妈妈的动机很好理解：我用一两次就可以让你学会按时起床的方法，来治好你的赖床病。这种条件反射，就是每当到七点的时候你会被自然地吓醒，因为你不醒就会遭到迫害。好的作息虽然是养成了，但副作用在她身上也很明显：她对人际关系、亲密关系都缺乏基本的信任——连妈妈都会伤害我，谁还不会呢？做事有强迫倾向——连起个床都不自由，做什么还能随意呢？死板没有活力——我哪敢乱来？

我还听过有这样的妈妈：小孩子吃指头，为了纠正这个毛病，妈妈就在孩子指头上抹辣椒油。这样他吃一次就哭一次，几次就成功矫正，不再吃指头了。这个妈妈没有学习过心理学，不知道孩子吃指头是找安全感的补偿，是因为对妈妈乳房的需求没被满足而选择用自己的指头进行替代，为了找那种我可以抓住东西的感觉，婴儿和小狗小猫很像，嘴就是他们与外界沟通的主要器官。可是现在嘴里含不住任何东西了，没有乳头，没有指头，只有无尽的空荡荡，真是绝望极了。他还要面对妈妈那迫害成功后得意的笑。他以后该怎么面对这个世界呢？又怎么能相信别人呢？

接着说起床。有的人会好点，7点钟不起会被骂醒，然后让你自责，不得不起。有的妈妈会宽容点，不起就不起吧，但是早饭是不会给你留的。所以你醒了就只能饿到中午，这是为了让你长点教训。然后这时候人的潜意识里就会形成这样的印象：我在这个家是不自由的，是被软性胁迫的，起床都被控制。这个家是冷漠的，我饿了不会有人给我弄吃的，我靠不得别人，只能靠自己。长大后我就真的只能相信自食其力，不敢指望别人了。即使成了家，我也会感觉：我不得不照顾自己，因为没人会真正照顾我。

有的人更不幸，他不仅得按时早起，还得给忙碌的一家人做早饭。家对他们来说，不是休息，而是负担。虽然在当时的情境里，每个人都很忙，你不得不跟着忙。但你的感觉却是：负担、压力、责任。

3

接着说自由。

我接待过很多访客，诉说了他们在家里是怎样的不自由：

有个严格的爸爸或者妈妈。在家里感觉很拘束，坐着站着基本都会被批评，怎么做都不对，什么都需要调整、改正。卧室要怎么收拾，东西要怎么摆放，衣服、被子要怎么叠，男女朋友应该怎么交等等，都一一有明文规定。更可怕的应该是暗文规定，即你不知道有什么规定，你只有做了才知道哪里错了。在这样的环境下，孩子回家后，就得看父母脸色，然后决定要不要看电视，要不要开口说话。一个人连自己的卧室都不能决定，连自己的娱乐都不能决定，连自己的交友方式都不能决定，那么他就会强迫、焦虑。生怕做错、小心翼翼、诚惶诚恐、如履薄冰、艰难而无助地活着。

当人处在这种高度紧张的察言观色中，是很容易累的，所以就很渴望喘口气，休息一下。但是对不起，这个家是不会允许好吃懒做的。换句话说，这个家是不允许累的。

父母不会觉得累，因为他们习惯了这些要求。然而孩子的承受能力完全不是这样的。所以父母就会以自己的感受来对待孩子的感受：做这些很正常啊，你怎么会累呢，你就是懒惰！

累了不能休息，不能娱乐。对人生就会充满抑郁和绝望。

我从来不曾真正为自己活过，我活着就是在应付：小时候应付父母的要求，应付学校考试，长大后就应付内化了的各种对自己的要求，全是压力。

这种感觉就像是deadline来临，你不得不调动全身心的能量去应对。但当每天每件事都是deadline的时候，会怎样呢？

我选择死亡。

当死比活着更舒适的时候，当死比活着更轻松的时候，本能会推着人选择更有利的。所以很多抑郁的人倾向于自杀。在他们的世界里：我活着不能决定自己，但起码我可以在是否活着这件事上作出自己的决定。

我在医院实习的时候见过一个抑郁症的初中生，厌学在家，消极悲观。医生跟她父母说不要对孩子有这么多要求的时候，她妈妈说：我们对她要求也不高，起码得把初中读完吧，这都初三了。

是的，这样的要求对父母来讲真的不高。但在孩子的世界里，这已经是要求高负荷的驴子多背一根稻草了。你不能说：一根草不重吧，对你要求不高啊。

忽视了情境的要求，都是高要求。

那时候医生和她父母说了一句话，我备受感动：抑郁和感冒一样，是种病。她都高烧了，你还让她去上学啊。她都想死了，你还让她学习吗？

难过的是：她的家人并不理解。家对她来说，没有任何理解可言，只有无尽的压力、压力、压力。

4

类似的事情不胜枚举。

很多人的家是不允许自由表达的。有委屈了不能哭，有意见了不能直说，不想说的话必须说，等等。

直接表达或直接拒绝被称为“没有礼貌”，不招呼到访的来客也被称为“没有礼貌”，都是要被惩罚的。所以我们的嘴巴并不是自己的，而是他们的。

父母给了我们很多禁忌，家也就成了一个训练场。很多人的父母像训练小狗一样，像军官训练士兵一样对孩子进行行为训练：哪是对的，哪是错的；应该做到什么程度，达到什么标准。而他们从来不知道这个人的承受能力怎样，适合什么，感受如何。他们只要达到家长的标准就心安理得了。

当然这不是他们的错，他们这么被训练长大，便只会这么去训练别人。

他们给了孩子们一个行为训练场，让我们成为了一个看起来很“不错”的人。懂礼貌、优秀、会来事儿，但却孤独、迷茫、抑郁、焦虑、困惑，常常找不到自己的存在感。

我们小时候，其实并没有家。

5

我们长大后也没有家。

父母当年训练我们的方式，已经内化到了我们的潜意识，我们已然学会了这么对待自己。严格要求自己、不能随意不礼貌、情绪不能随便表达、累了不能休息、说话做事必须得到他人的认可、会十分在意别人的评价、必须要忙碌、闲下来就有焦虑感、不敢随便相信别人……

我们对自己有很多要求，有的能意识到，有的不能，但我们却一直在执行这些要求。所以我们从来不去温暖自己，不去宽容自己，不允许自己睡到中午，不允许自己有半年的时间放假不工作……

我们的灵魂，无处安放。我们的自我也无处安放，只能通过忙碌来逃避。

我们自己也没有能力给自己家的感觉，自己也不是自己的归宿，不是自己的港湾。

显然你也不能给别人家的感觉了。

我写过很多文章论述过这两个规律：你小时候父母怎么对你，你长大后，就会用同样的方式对自己，用同样的方式去对待和你亲近的人。

也就是说你父母怎么对你，你就怎么对待恋人和孩子。你成了和他们一样的人。

心理学把这个规律叫作“向攻击者认同”，也就是你会成为当年伤害你的人。爱一个人的方式，就是把他当成自己去对待。

当你小的时候，他们不允许你哭、不允许你懒惰、不允许你逃避、对你要求高、要求你干净整洁准时上进，你也会这么要求恋人和孩子。每当他们懒惰逃避任性的时候，就会遭受你的批评冷落责骂。那么，他们就会体验到你小时候的感觉：这里没有家的感觉。我虽然和这个人在一起，虽然你是我的父母，但我的体验并不怎么好。

更不幸的是，你依然在渴望着有一个家，在渴望有人能懂你、能安慰你、能看到你的脆弱、能懂你的孤独。虽然你自己都不懂，没有把这部分梳理明白，只是隐约有一种感觉。但当别人不懂的时候，你就很生气，很伤心，甚至很绝望。

自己一生都没有过家的感觉。

也给不了别人家的感觉。

有人会说：我们也被这样对待，不也长得活得好好的吗？

你觉得好好的，是因为你没有体验过什么才是好好的，没有体验过有人为你守候、为你存在、让你取暖是什么感觉。你没有体验过自由和允许，你只是活着。就像有人问读书有什么用，我不读书不也活得好好的吗？看心理咨询师有什么用，我不看不也活得好好的吗？这个问题延伸开就是：学英语有什么用，不会英语也可以出国；学做饭有什么用，不会也不能饿死。

说说我自己吧。我的创伤就不说了，说说我妈和我之间的一个细节。

我在北京工作是很累的，但回到老家就感觉很好。我早上不愿意起床，我妈就会叫两遍，偶尔一遍，但从来不会超过三遍。一般是喊我起来吃饭，她已经把饭做好了。我不想起，我就会说不起了不吃了，直接表达。

然后我妈会做这样一个动作：在我的床头放一个凳子，把饭放在凳子上。在我睡意蒙眬中跟我说：饭放在床头了，起来记得吃。我出门忙去了。

我这么大了，回家还是个小孩。不是我舍得让妈妈受苦，而是她享受这么做，我也享受被这么对待。我也会给她钱，给她买东西。但我还是愿意在家里做个小孩，轻松、自在、有人牵挂。

我在创业，我问过很多搞心理的同行为什么不出来自己做。他们的答案是：不敢。我很理解。我失败了，我爸会接着我，我可以滚回家，他们虽然没有钱，但养活我还是可以的。但是对很多人来说，失败就意味着无处可逃。

我构建了一个理想的家的模型。我们从来没有过，也不可能真正拥有。

但我们可以看到我们怎么失去了家，而不是一直孤独、焦虑、抑郁、迷茫地活着。我们看到的目的，是可以给自己一个家。

小时候我们没有被真正温暖过，但我们长大后可以温暖自己。起码，你可以给自己一个家。放过自己、允许自己失败、允许自己不优秀、允许自己不规律、允许自己任性。这并不是纵容和娇惯。

纵容和娇惯的意思是：你不相信人性具有向上的潜能，不相信自己。你不相信人休息完了可以继续干活。就像你不相信手机是不能一直充电的，万一它充电久了不工作了怎么办。

别人不理解你很正常，

一定是因为你有问题

1

我和别人沟通的时候，如果别人不理解我，我还是很不爽的。

直观感受上来说，当我不被理解的时候，我就会觉得都是别人不好，这样想我就成功地安慰和保护了自己。但是多年的心理学经验又告诉我这样想太扯淡。别人又没刨我家祖坟，凭什么不理解我就成了他们的错啊。我肯定哪里也出了问题。

如果我们把“让别人理解我”设为一个任务的话，分解它会让我们更清晰地看到发生了什么，进而处理好这个不爽。

让别人理解你，其实就是两个步骤：

第一，你能明白地表达自己的想法。

第二，别人能get到你的意思。然后理解完成。

从这两步来看，别人不理解你，至少你有50%的问题。别人不理解你，除了别人的理解能力不够外，还可能因为你表达得不够清楚!

2

在与别人的沟通中，当我们需要别人理解的时候，通常会用这几个办法来表达自己：

① 真诚地表达自己，逻辑清晰，语言简单。根据对方的反应不断调整自己的语言，使之符合情境。然后对方就很容易明白了。

② 从反面表达自己。用一些生气、抱怨、责怪、讨厌、推开的话语来责怪对方为什么不理解自己，为什么做的说的跟自己想要的不一样。很多自尊心强的人不愿意正面表达自己的需要，通常会采取这种方式。

③ 用表情和肢体语言表达自己。我很希望你理解我，但我又不知道怎么开口。我就用厌烦、冷漠、焦虑等表情传达给你。当我搭火车还在工作的时候，要是隔壁有个娃咿咿呀呀吵个不停，我烦之又烦，又不好意思说，我就会做出一些不耐烦的表情，希望娃妈能读懂，理解一下我这个正在工作的人。很多习惯讨好、不会拒绝的人会选择如此表达。

④ 用心灵感应来表达自己。即我什么都没说没做，但我希望你能理解我的处境，理解我的哀伤。好似你既然活着又还没瞎，就应该理解我啊。

当我这么总结出来的时候，你会很容易发现：一步比一步难以被理解，一层比一层对他人的要求更高。

假设别人的理解能力为恒定值，你怎么减小他人理解的难度，就是你的责任了。你不能自己都表达不出来，还想要求别人比你更清楚。

然而我们恰恰是：当自己对自己不清楚的时候，才会如此渴望别人理解自己。

3

一个个地来解析：

① 真诚表达自己是困难的。如果你自己都不知道自己怎么了，你就很难说清楚。当你对自己的内在状态很清晰，知道自己发生了什么，你就很容易组织出语言来表达，并且能根据对方的理解程度多方位组织语言。

如果你静心养了10年猪，你对猪的印象就非常清晰，你就能用100种方法给一个没见过猪的人描述清楚猪是什么样。但是如果你没见过猪，只是在教室里听过，然后你给另外一个人讲猪的样子时，你就很容易这样想：你怎么这么笨，一点都不理解我在说什么。

假如，你把自己理清楚了，知道自己怎么了，你也会同时发现，其实你没那么需要别人理解你了，你自己理解自己就好了。

人们之所以不被理解就会感到不爽，是因为期待对方能替自己做到自己做不到的事。如果自己也不知道要表达什么，潜意识里又渴望自我能够表达清晰，就会期待他人能够理解自己，以让自己借助于他的理解而变得清晰。

② 能够识别出自己真正的想法是困难的。如果做不到，我就会通过表达我不想要什么来表达自己。

也就是：你这么做不是我要的反应，这么做是没理解我。我要通过指责你来纠正你，要求你一次次试错，直到你猜对为止，这样我就爽了。这时候别人理解你的难度就增加了。

当你不清楚自己想吃什么的时候，你就会通过表示不想吃汉堡包、不想吃火锅、不想吃泡面等来让别人猜测你到底想吃什么。如果有人愿意陪你耐心地玩还好，但通常人们在被指责后会丧失继续理解你的兴趣。所以你会感到更加挫败无助：为什么你都不理解我！

一个自己真实想法不够清晰的人，通常是因为自己忽视了自己太久。潜意识里觉得自己内心真实的想法不够重要，长期以来不被人看见，所以他为了好受些，会自行屏蔽掉真实的自己。

这样的人通常有如此的童年：

当你表达自己想法的时候，你会被骂；当你有自己需求的时候，你会被禁止。你只有服从大人的想法和要求，才能活下来。所以你只能学会忽视你自己，不能有自我，因为你是不被看见和允许的。

于是长大后，你延续了这种自我忽视。自己忽视自己，却渴望别人理解你重视你。

③ 反面表达也未必能被允许。如果我通过指责你怎么可以这么想、这么做，抱怨你怎么可以误会我，嫌弃你怎么可以对我有那么多的要求，就会伤害到你。

表达是危险的，表达可能会伤害别人，可能会被拒绝，那简直太难接受了。

所以这时候人只能在心里默默抱怨别人怎么这么不理解自己，然后通过各种暗示企图让别人理解自己。

也就是：我不直接表达，以此来保护自己。但你要理解我，要满足我被理解的需求。

④ 无论用正面语言、反面语言或表情，起码还能发出希望别人理解自己的信号。一个人从小到大被理解的经验很少的时候，潜意识里就会根据这种经验形成：我怎么表达都是不会被理解的。

所以他连用否定表达和用表情表达都放弃了，因为在他的经验里这也是无效的。可他还是需要被理解，所以当别人什么都还没做的时候，就会直接激发他的自恋性暴怒：为什么你都看不见我在忙，为什么你都看不见我现在状态很糟糕！为什么你这么不理解我！

这就是用心理感应来表达，希望别人能感应到自己的想法，如同婴儿时期对妈妈绝对关注的需求。

4

理解是什么呢？我们为什么那么需要呢？

理解就是，我希望真实的自己被你看到。

我需要你的回应，才能确定我是存在的。我太害怕自己的内心被环境吞没了，我需要你随时看见我，需要跟你共生，我才会感觉到我不是一个孤零零的无助的个体，不会被随时吞没，我才能活下去。

所以我要花费很大的代价，来获得你的理解。

理解就是：我要抓住你。

如果妈妈过多忽视孩子，没有理解过孩子，那么这个孩子就没有体验过这种被理解、被看见的感觉，就不会相信自己是重要的，就不会投入很多精力在理解自己上。在被理解上，他就有了缺失。

小时候缺的东西，长大后就会一直要。

也就是说他长大后，不能重视自己，不能拿出精力来梳理自己，而会把精力都放到别人身上，渴望别人来替他做到，能够理解他，看见他的存在，听到他的声音，给予他很多关注。他会渴望“你若懂我，该有多好”。

他会对别人的理解有一种很强烈的需求，别人不理解他，就激活了他被抛弃的经验。强烈地渴望被理解，就是渴望再次实现跟他人共生，弥补当年没有实现的跟妈妈的共生的遗憾。

可是一个人格健全的人，其实对别人的理解没有那么强的需求。被理解了很好，被误解了也很正常。人活着就是不断经历被误解。而且被误解的好处也非常多：

通过被误解，我们学会了闭嘴，把过多投向他人的注意力转向了自己，聚焦于自己内心的体验，进而提供了更多自我认识的可能。

通过被误解，我们确认他人和我们的界限在哪里，清楚他人和我都是不同的独立个体。

因此一个健康的人格应该是这样的：

我对自己有着清晰的认知。我对自己的内心和感受有着足够的重视和了解，所以当我选择表达的时候，我就能够很好地表达给你，让你理解我，让我们的关系更近。当我发现因为你的理解能力问题而需要耗费我过多精力，并且不怎么有必要的时候，我就选择不表达，哪怕你会误解。但我仍旧是我。

我有着良好的自我边界。我能够不依赖于你的回应而看见自己，听见自己。因为我存在了，所以我也能看见你听见你，能够发现你的存在，听到你所不能表达完整的话，看到你因为害怕而遮掩的心，我从更深处理解了你。我对你是有界限的，不想跟你共生，就不会害怕伤害你而不敢做自己。

5

至此总结一下就是：

如果你太介意别人不理解你，那么一定：

① 你缺乏自我边界，想跟他共生，把他当成妈了。

② 你把该放到自己身上的注意力放到他身上了，他变得比你自己还重要了。

③ 你太忽视自己了，没能自己理解自己。

你该去学学逻辑、语言表达等能帮助你识别自己内心真实想法的课程。

最后，作为一个正常人，你不能要求自己没问题。因为有问题的人才是正常人！所以，我只是想说：别人不理解你很正常，你不爽更正常，只不过你要知道这是你的问题，如果能知道问题出在哪个层面上就更好了。

○辛苦擦地板的你

是否应该包容跷脚看电视的他？

1

我说些找骂的话吧。如果我们讨论：一个辛苦擦地板的人是否应该包容另一个跷脚看电视的人？我的答案是：应该。

类似的问题包括：一个辛苦赚钱的人是否应该包容另一个在家喝茶看报的人？一个早起又接孩子又买菜的人是否要指责另一个什么都不做的人？

亲密关系中，自己付出了很多，对方却无动于衷，于是生出各种指责抱怨。

2

在人际关系尤其是亲密关系中，“评判”是一个大忌。这就是以自己的标准为荣，以对方的标准为耻。自己的标准是对的、好的、高级的，对方的标准是懒的、俗的、低级的。因为你有了这个标准，所以对方就应该自觉地、自动地、高兴地、轻松地放弃他的标准，遵从你的？

比如说，对于擦地板、洗澡、起床、挤牙膏等标准。你的标准是地板一尘不染，他的标准是别太脏就行。你洗澡的标准是一天一洗，他洗澡的标准是出去见外人才洗。你的标准是到点就得起床，他的标准是有事才早起。谁的标准好呢？如果非得说你的好，就显得有点自以为是了。如果你说大家的、公众的标准都这样，那你就是把家变成公共场所了，因为你剥夺了人在家里可以不遵循公共道德的自由。

这里的评判就是：辛苦擦地板是对的：跷脚看电视是错的。似乎有点不公平。因为简单说就是：辛苦是对的，享受是错的。尤其在该辛苦的时候享受是不好的。但这只是你的评判。

就像大学里某考研同学在告状的时候说：某舍友在宿舍打游戏影响我学习。班主任说：那你学习打扰人家打游戏了吗？你怎么评判哪个是好的哪个是坏的呢？所以，是否擦地板是你的选择你的标准。你在为自己的标准付出，这是可以的。但理所当然义正词严地让另外一个人为你的标准付出，那就有些不正常了。

评判，就是区分出了哪个好、哪个坏，哪个应该、哪个不该。

在关系、尤其亲密关系里，定义好坏、对错、应不应该，本身就是捆绑限制关系。当然，关系是要有所限制的，比如说善待父母孩子、忠于伴侣。但在细节上做过多限制，这感觉就像是：修一条马路，你需要设定护栏，形成一定的基础防护。但当马路宽度一定，而你又划太多杠杠线线的时候，车跑起来就很不方便了。界限越多，就越容易出事。

3

这些评判，来自于家庭规条。

比如说，你从小被训练成要整洁干净，每当地上有根头发，你是会被数落甚至被揍的。比如你小时候必须要准时起床，你起得不够准时是会被训的。地板怎么擦是如此，牙膏怎么挤是如此，是否要勤劳是如此，是否应该关心另外一个人也是如此。如果你很关心人，很勤快，很可能是因为你受过这样的训练。这种潜移默化的训练，在你的潜意识里形成了一种模式，成为你自动化的一个动作，很是习惯。以至于你觉得干净、整洁、擦好地板、从尾部挤牙膏、勤劳、应当关心别人这些事都没什么，而且很好。

但是另外一个人的家庭教育不是这样的。他来自于跟你不太一样的家庭，所以他有着不同的受训背景，对于人生有着另外一套活法。很多人说门当户对多么重要，就是来自于此。但是再门当户对，也不可能有完全一样的家庭。即使一样的家庭里的两个孩子，因为年龄、性格、学习成绩等不同，父母的态度也可能截然不同。所以人与人存在差异是必然的。

人与人的差异，有一大部分是来自于家庭规条的不同，这导致了生活习惯与人生观的不同。

因为你只经历过一个家庭，你在这样的环境里生活，所以你潜意识里自动认为这是世界唯一的标准，并且是正确的标准。实际上这标准只属于你的原生家庭，并不通用。

不要尝试说挤牙膏从尾部挤就是方便啊，那是因为你的规条是“人要为了下一步方便而做好眼前这一步”。不要说整洁了就是舒服啊，那是你体验不到对别人来说放松自由的快感会大过整洁带来的舒适感。人之所以会懒，是因为从懒中获的益大于从勤快中所获得的。两者相比，人自然会取其大。所以也不要说洗了澡人就干净了之类的。你看到的是表面的好，看不到他人和你不一样，看不到他为了实现你的标准而付出的代价。你可以轻松讲好汉语，但你要求另外一个人和你一样轻松讲好汉语就是残忍了。

规条是一个家庭的禁忌。也就是说你只能这么做，不能那么做。

规条并不是爱，爱应该是轻松、自由的。规条是僵化、封闭的。规条会让人觉得很累。

你儿时被训练的时候，做不到或做错了是要被骂的。所以你养成了地板必须整洁、牙膏必须从尾部挤、必须按时起床按时洗澡的好习惯。

禁忌的第一层意思是：我不能做不到。即使我很累，即使我不开心，即使我不愿意，我也不能做不到。

如果达不到标准，潜意识里会自动判断为：这时我是会被揍的。所以就是再累再辛苦，我也要擦地板。而这时候潜意识又会生出一条轻松法则，于是我心里就会更加纠结：我必须完成VS.我不愿意完成。

那我就只好动员另外一个人替我完成了。因为这件事是不得不实现的，那么人在实现不了或实现着很累的时候，就会将其转移到另外一个人身上，让他去替自己实现。

所以当你想让另外一个人替你做的时候，一定是你不想做又一定要做的时候。假如你是爱擦地板的，另外一个人是否在看电视，都不会让你有强烈的反应。

禁忌的第二个意思：我不能做，你也不能做；我必须做到的，你也必须做到。

你和我这么近，你是我的自我范围内的人，是我的一部分。我决不允许你做出逾越禁忌的事。所以我不能允许我自己地板擦不好，你也不能擦不好地板；我不允许自己自私，你也不能自私。

禁忌的第三个意思就是：我是渴望突破的。虽然必须做A，但我很渴望做-A。为了避免激发我想做-A的欲望，只好让你不要在我面前嘚瑟做-A了。

地板，我其实是不想擦的。我很想像你一样，可以轻松自在跷着腿看电视，可以享受生活。但是我不允许自己那么做，因为我潜意识里会判定：轻松是会被揍的。那么你也不能做，不然你会激发我的欲望。

我在北京坐地铁的时候，每进地铁就要安检，人人必须如此，没觉得有什么，进地铁不安检在北京就是个禁忌。但是到了上海坐地铁的时候，我就十分不愿意安检。虽然我还是会把包放进安检机，但那感觉有些不爽。因为，旁边路过的人，都不会去过安检。他们能堂而皇之地不守规则还不用被揍。他们激发了我也想不守规则、不过安检的欲望。在上海，地铁安检不是禁忌，结果就导致我这个从北京来的人，极度不适应，甚至有想把路人叫过来安检一下的冲动——这种感觉，就像家里擦地板的那个人看不得另外一个人居然不擦地板一样。这就是有人突破了禁忌，激发了仍在禁忌里的人的欲望。

5

以上讨论的是：如果你擦地板，另外一个人在看电视，那么这是因为你有你的规条、你的禁忌、你的标准。当你强迫另外一个人和你一样的时候，就是一种家庭里的霸权主义了。这都是一种自我界限不清晰的表现，把对方当自己去对待了。亲密关系里界限过度清晰和过度融合，都是有问题的。两个人需要找到相对都舒服的界限融合和独立状态，关系才会和谐。

接着讨论另外一种情况：被别人要求。即看电视的人要求你擦地板。

这就是另外一个人企图侵入你界限的标志。类似的界限入侵的事件还有：爸妈逼婚。面对这种情况，你会怎么办呢？

健康的做法是合理地维护自己的界限。他怎么要求是他的事，你怎么执行是你的事。你们是相对独立的个体。你需要在他的失望和自己的委屈之间找到一个平衡。当他的失望与你的委屈不可全部避免的时候，你选择一个，然后为结果负责就好了。

6

关于责任。

责任属于道德的范畴。良好和谐的关系，一定是内心动力的和谐，而不是对别人施以道德捆绑。也许你可以用武力、责任、道德等武器征服一个人，但是你必将遭遇对方的反弹。

潜意识是符合宇宙规律的：哪里有压迫，哪里就有反抗。当他反抗的时候，并不是他不爱你了或者变了。而是当初种的强迫的种子成熟了，开花结果了。

责任，只是被你拿来入侵对方界限，要求他服从你标准和禁忌的一种说辞。

7

关于付出。

亲密关系里没有人强迫你付出，即使被强迫了你也可以找回自己的界限。你所有的付出，并不是为爱付出，而是为你童年的规条、禁忌、自己对责任的理解、对家的理解而付出。

而为爱付出，应该是这样的：对方的接受，就是对你最好的回报。

所以，你也可以向他学习，可以看电视。突破自己的规条，走出自己的禁忌。地板乱点没关系，不会有人再像当初妈妈一样指责你。即使现在的人指责你一下也没关系，这并不是抛弃，而是关系的调味剂。

如果你不愿意突破，你可以为自己的规条——我们说好听点叫价值观——去付出，但不要太理所当然、理直气壮地强迫另外一个人，而是学会用积极的语言邀请对方，这会比这么堂而皇之的强迫来得效率高。记住，是你而不是他，想做。

一个人对差异的高忍受度，正是一个人成熟的标志之一。

而坚持通过改变另外一个人来满足自己的做法，则是婴儿全能自恋感泛滥的表现，这样的人是需要看心理医生的。

○我期待你别再总是害怕伤害我

1

跟一个同行聊起来，他是个小心翼翼也追求完美的人，不太敢接咨询，也不太敢开讲座。每当被安排讲座的时候，他需要3到5倍的时间精心准备。每次我跟他探讨为什么不敢的时候，大约都会得到这样的结果：怕讲得不好。

然后我问他：讲得不好了会怎样？

会误导别人。

当时我想，你真是太看得起自己的影响力了。一个讲座就把别人的人生给导入误区了？那你简直应该去干传销啊。

同时你也太看不起听众了。什么大师的讲座没听过，两个小时的讲座就被误导，还能活到现在？

我们之所以会在生活中有很多想做但又不敢做的事，都来自于这种完美主义和自恋，觉得自己不能确保做到惊天动地就不去做。把自己放到了过于庞大的位置上，好像自己动动手指头，地球都要抖三抖似的。所以为了维护世界和平，为了保护人类的善良，我只能不去做了。

2

我有一个访客是干会计的。用她的话说，一点错误都不能犯，每天特别累。我不太懂这个职业，我只能感觉到这职业比心理咨询师的容错率低，但也不至于到不能犯错误的地步。同样的问题：做错了会怎么样？

她说：整个部门系统都会受连累。领导会批评我，同事们会嘲笑我……

我当时给了她一个回应，她当即就脸红了：你真是太看得起自己的影响力了。那么多会计从来不犯错误？他们一人犯一个错误，整个部门系统就得整天处理错误了？那这个部门的承受能力也太低了吧。

我还发现很多人在工作中都是如此，他们工作得小心翼翼，害怕犯错误，觉得不能犯错误。他们的逻辑是：

一旦犯错误，就会影响部门正常运转。就会影响他们在领导眼中的形象。然后结果进一步恶化就会影响晋升，影响……

然后我就会想：领导会看到吗？领导会记住多久？

如果你不知道，你换位思考一下就好了：如果你的下属之一（注意，是“之一”不是“唯一”）某天在某事上犯了某个错误，你会怎么看待他？你会因此而不晋升他了？你会记住这事多久？

显然你没有那么多精力去记住这些，因为你有很多事要做，你也有上司、家庭，你也有很多其他下属和很多其他工作。

这种自恋就是：你一个错误，能抵得过你做过的所有工作。

3

关于不敢拒绝、不敢提要求和不敢表达自己。

不敢拒绝的事就很多了。有人问我借钱，我就很难拒绝。有人找我帮忙之类的，我也很难拒绝。但是很多时候我却是心不甘情不愿的。

我也不太敢提要求。我今年借出了好多钱，辛苦攒的讨老婆买房子的钱。然后他们到了约定的时间也没有提还钱的事。我心里就开始嘀咕了，但又不好意思说，不敢表达。

我对于别人的一些小不满就更不敢表达了：某某人占了我某某便宜

啊，某某人做了某某影响到我了啊。甚至于陌生人，比如火车上隔壁铺的老王呼呼打鼾啊，我是能忍就忍，不能忍也会忍。

是的，对于忍，我是很擅长的：不要计较、宽容待人、多迁就别人一些也没什么……

我也问我自己：为什么不能拒绝？

怕拒绝会伤害他人，会伤害关系。

当我这么问自己的时候，我就笑了：我真是太看得起自己的影响力了。好像我一个拒绝，就抵得过我们许久的交情，抵得过我所有的付出。

同时也太看不起他了，把他想得手无缚鸡之力一样，好像对我的拒绝毫无抵抗能力。似乎我一次拒绝，他就受到了一万伏特的伤害。

假如他真的因此受到了一万伏特的伤害而讨厌甚至离开了我，我也同样该高兴啊，这样的关系，就像艾滋病晚期患者一样，毫无免疫力，早晚得死。

并没有不可接受的后果。

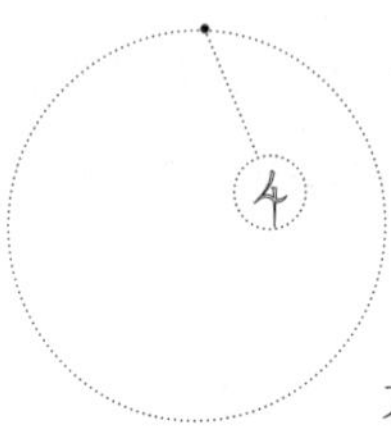

说了这么多，其实就是想说我们在工作、生活与人际关系中，那些小心翼翼、怕说错话、怕做错事、不敢发脾气、不好意思提要求都是因为自恋。这种自恋是：

太看得起自己：好像一个错误一个冲突就会对他人造成不可磨灭的伤害。

太看不起他人：好像他人对于冲突、伤害和错误毫无承受能力。

太看不起关系：好像你们的关系像易碎品一样脆弱。

可是你为什么会如此小心翼翼呢?

因为你自己受不了自己。每当别人拒绝你，和你有冲突的时候，你就受不了了，你会受到巨大的伤害。所以你会把这种心理投射出去，认为别人都跟你一样脆弱。你想通过保护别人，来保护那个脆弱的自己。

你不愿意承认自己是个脆弱的人，你就把别人想得跟你一样脆弱。

同时，在你的经验里，每当你犯错误，你都会受到远远超过错误本身的惩罚。这些惩罚从你小时候就开始，你的父母、其他抚养者、老师等，在你犯错误的时候都会给你严厉的教训。以至于你渐渐形成了一种意识：你把犯错误上升到了等同于牺牲性命一样壮烈的等级。

睁开眼看看，天下并不是你的，你没有那么大的影响力，也没有那么多人关注你。

5

前面我省略了一个重要的环节：如果造成了伤害会怎样?

我们每天都在有意无意地伤害着各种人，犯着各种错。那么为什么会对必然发生的事如此忧虑担心呢?

这里面有个很深的情结。在这些小心翼翼者和完美主义者们的眼里，他们一旦给别人造成了伤害，就会触发潜意识里不被喜欢、被抛弃的恐惧。

他们不能犯错误，犯了错误就会被抛弃。他们不能伤害别人，伤害了别人就会不被喜欢了。他们一旦有闪失，关系就会断裂。

哪怕只有一次，也不行。一次就足以触发这种恐惧了。我们长大后知道，这些恐惧并不是现实，因为从客观上来说，现实的关系是一个错综复杂的系统，单个事件并不会对系统造成太大的影响。但是我们的心理基于经验发展出了我们以为的现实，被称作“心理现实”，而并不是客观现实。

客观现实是：

生活、工作和他人都没有你想得那么脆弱，是你自己太脆弱了。

持续的伤害才会造成关系断裂，才会造成自己不被喜欢；

整体伤害值若大于了爱和维护的值，才会导致被抛弃。

关系是一段长期稳定但局部不稳定的系统，是伤害和爱都会发生的系统，是做好与做差交替发生的系统。

只好不坏，只对不错，只维护不索取，这样的关系才是真正脆弱的。因为这样的关系夹杂着太多虚伪，除非你真的是一个对人一无所求、菩萨心肠、毫不犯错的人。

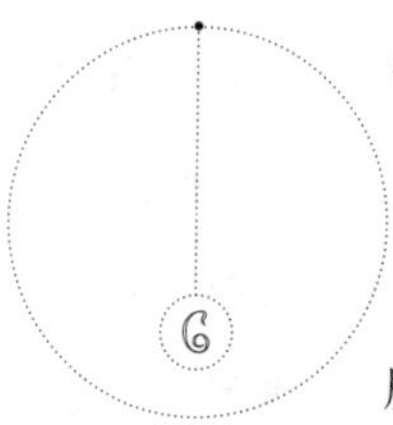

我跟你不一样，我不怕冲突，不怕伤害。在我的经验里真诚更为重要。在我的经验里，即使我骂了你，直接表达了我的需求，你也不会离开我。

所以我敢于和你发生冲突。

所以我也因此会得罪一些真正脆弱和敏感的人。还好我不想和所有人搞好关系，不想被所有人都喜欢。

当然我也想和更多的人搞好关系，前提是你值得我去那么做，而且给我时间去了解到你有如此脆弱和自恋的一面：这两个条件缺一不可。

冲突者和冲突者会成为很好的朋友，但是敏感者和敏感者却不能。

因为真诚会换来真诚，小心只会换来隔阂。

当一个人经常这么对你：我怕伤害你，所以我有话从来不直说。而你却不知道他有话想说。你会是什么感觉呢？你会不会像我一样有些生气：老子有你想得那么脆弱吗？

当你委屈时，我宁愿你勇敢地表达出来，哪怕会伤害到我，也不是噎在喉咙里不说，这是对我们关系基本的信任。

我并不是鼓励你犯错误或去伤害别人，而是放弃不敢伤害别人和不敢犯错误的小心翼翼，那是一种自恋、隔阂和虚伪。

孔子有一个叫作季文子的学生，就是这样一个怕做错事、说错话的人。逢事三思而后行，逢话三斟其言而后说。有一天孔子就语重心长地教育了他：你这个人啊，别太磨磨叽叽，想第二次的时候，就可以去做啦。

后经《论语》记载为：季文子三思而后行。子闻之曰：再，斯可矣。

你是否也经常感到焦虑与纠结？

1

一个妈妈来咨询的时候跟我说起她那上高中的儿子，简直让她担忧和焦虑到不行。她的担忧有：学习不够认真、贪玩、上课不能集中注意力、有门功课不及格……我会问她：那又怎么样呢？

她说：那就会考不上大学！

然后她就给我讲了差不多我们每个人都听过100遍以上的故事：现在不认真学习，就会考不上好大学，就会找不到好工作，就会过得很苦，就会……

显然这个逻辑里有很多问题：我们假设，因不认真学习而考不上好大学的概率大概是70%；上了大学不能找到好工作的概率也是70%左右；找到工作但过得苦的概率也是70%左右……这么看起来不认真学习导致过得很苦的概率是21%左右，但是这个妈妈把它想成了100%。

不仅是妈妈会担忧孩子的学习。一些考研党也会找到我问这么些奇怪的问题：考研还是工作？纠结得不行；准备考研了复习不下去，焦虑得不行。当我不断去问他们考不好会怎样等一系列“那又会怎样”的问题的时候，他们和这个妈妈的结论差不多：这辈子就完了。

听起来怕怕的。

一次的失败，一件事没做好，好像会终生遭受毁灭性打击一样。

2

如果你看到一个人对某事感到担忧和焦虑，你就不断问它如果坏结果真的发生了会怎么样，持续瞪大你好奇的双眼作十分想了解他的样子然后持续问他“那又会怎么样呢？”你会发现他能从当前焦虑的事件中推导出一个十分糟糕的结果，好像如果当下这个事他做不好或做错了的话，就会活不下去了一样。这个逻辑就是：

A做不好会B，B了会C，C了会D，D了会死。

潜意识里把它当成了100%的关联：A=B=C=D=死。可是现实却是A很可能导致B，而不是一定。几轮下来，A导致D的概率小之又小。

以我为例。我从来不是个学习很好的人，中考的时候因迷恋网游落榜，读高中的时候迷恋摄影被老师没收相机而厌学，每次考试稳坐倒数5名之内，不及格什么的太正常了，但无所谓的态度导致我竟然超常发挥过了二本线，之后又保持了大学4年倒数第2的稳定成绩，英语四级也考不过，毕业后到北京来发展接受了1300元的月薪，成了小城市来的北漂，不爱努力爱泡妞……

但我觉得我是个成功的人，在26岁的时候，我实现了财富自由、时间自由、兴趣自由、脚步自由的生活。并且，大学玩了4年，谈了几场潇洒的恋爱。

我做错了很多事情：早恋、逃课、替考、网瘾……现在想想我只做对了一件事可以抵消掉所有的这些错。那就是在心理学还是个冷门的时候任着自己性子去玩了我想玩的心理学：借钱上课，买书、看书。我从来都不是个爱学习的人，整个学生生涯没当过班干部、没见过奖学金，只有无尽的罚站和通报伴随着我。

反之，我认识很多“做好”的人。年年第一，考上了某名牌大学，但小时候的优越感、中心感与大学人才济济竞争不再占优、毕业后不再看成绩的平庸感形成了剧烈反差而自暴自弃。

我想说的是，没做好或做好了哪件事都不太会影响你的幸福和成功。

A和D之间并非决定关系。我们习惯了夸大某个单一事件对于人生整体的影响，甚至到了因果关系的程度。好像一旦做不好A，整个人生就毁了一样。实际上A事件对我们的人生有那么大影响吗？

3

当然有的事件对人生长河的影响很大。比如陈冠希的艳照门，那时候他一定无比绝望吧。比如史玉柱因巨人大厦负债两个亿，想想就想死了吧。但是这一次两次的巅峰错误，放到人生长河里的时候，并不见得就不可收拾到能让整个人生都毁掉，也许反而成了点缀，成了他们人生精彩转折的契机。

并不是每个人到这个坎的时候，都能过得去，有的就会选择跳楼。今年股市大跌的时候，分分钟没了几十年的积蓄，结果要不是跳楼都没排上位置，很多人估计也很难活到现在了。这时候的他们，就是把当下的单个事件对人生的影响，进行了夸张和放大。单次失误，就好像终生完蛋一样。

毛主席曾说：弹洞前村壁，今朝更好看。以前鏖战痛苦，子弹乱飞打穿了墙的孔，今天看起来却是一道风景。

4

关于纠结的焦虑。我在北京的这些年，总有些朋友和我说受够了小城市的安逸，想来北京却又不敢。怕什么压力大啊活不下去啊受不了啊……我又问了他们很多“那又怎样”，结果就是同样的回复：活不下去啊。

活不下去可以再滚回去啊，那又怎样？那就会被嘲笑啊，浪费了几年时间啊，年纪大了啊，原来的工作找不回来了啊……啊啊啊啊啊。

我说那你等死吧。反正做也是死，不做还是死。

然后他们就决定放手一搏了。

他们到了北京的时候才发现，北京除了路不好走和霾厚实点，和小城市的生活没有什么太大区别。然后几个月到几年后，他们有的风生水起开启了另一片蓝天，有的又决定回老家创业。无论哪种，他们都还活着并且活得不错。

他们当时所害怕和担心的，并没有发生。

可是为什么他们当时会怕成那样呢？因为他们夸大了“到大城市发展”这件事对人生长河的影响，仿似踏错了这一步，就再也没有挽回余地了一样，好像他们就要因此承受不可磨灭的伤害一样。

有些选择的风险的确很大。比如说职业选择，比如说结婚。以至于大到很多人无法选择，而选择了坐以待毙，通过不选择来维持当下的选择。

记得我人生中上的第一次大课就是萨提亚大师John Banman的课，当时的费用是13800元，而我当时的处境是：23岁，大四毕业那年的10月份，月工资2000元，坐标北京。后来我的老板借了我钱上了这个课，身边的人会觉得我有魄力，敢干。我没有那么觉得，我也纠结痛苦得不行，想着又要吃土好大一阵子了，很是怀疑我爸的劝阻是否真是正确的：这些钱干什么不好，去上几天的课？万一还不上了怎么办？

现实是我没有吃几年的土，只吃了个把月的土。通过上课，整个人心境开阔了很多，吸引到了更多愿意帮助我的人。多年后的今天看来，当时的选择对我的影响又是多大呢？

并没有什么不可承受的代价。但是在当时看来，那个代价好像无法承受。

而对于漫漫人生来说，那更不叫个事了。那只是点缀过的一笔。人生那么长，怎么会因为你花错了那一点钱，就好不起来了呢？

5

对于职业选择也是如此，没有一个职业是可以让人纠结到无法选择的。我们即使换了100种职业也无须焦虑，这对人生后来的结果来说，只有不到21%的影响。

后来听到一个观点：当结婚是一件小事的时候，你就可以结婚了。当你把结婚看得重要到决定一生幸福的时候，你怎么选择都是恐婚的、不满意的。因为你选择的不是婚姻，而是人生。

选择人生的话就太严重了。而如果你只把婚姻设想为是选择一个人陪你一起生活的一段时间，看起来就容易多了。

我访谈过很多24岁之前结婚的人，他们的人生大抵就只有结婚，结果他们发现自己太着急了。结果就三种：学习修通婚姻；凑合着过；到了27岁又单身。所以大家到30多岁的时候，现状都差不多。当时的选择，对于后来的结果并没有太大的影响。

这就像是：

如何快乐地走过一个独木桥？桥下有1米的浅渊还是有10000米的深渊，感觉是完全不一样的。当你知道失败了可以重来的时候，你不会有太多焦虑。

人生所有的故事都可以重来。事件本身不会重来，但是必然会以另外一种方式重新展开。

6

然后我会想，为什么我们会对做出选择或做事如此纠结和焦虑，为什么会把它们放大到能影响人的一生的地步，却不肯用一生的长度来看待这些小事？

焦虑和纠结中都有这样一些坚定的信念：

一次性的选择，就要选对不能错，否则一生就玩完了；做一件事，必须做对做好，否则会对人生有着不可磨灭、不可修复的致命打击和影响；

一次选择，不能修改，不能挽回；如果能，代价也不可承受。

我不知道这叫自恋还是叫安全感超级好，把人生这么大个东西压到一件事上，我也是醉了。

考过心理咨询师的人都知道一个叫埃利斯的人。他有个词还我是蛮喜欢的：糟糕至极。

这是一种把事物的可能后果想象、推论到非常可怕、非常糟糕，甚至是灾难性境地的非理性信念。

7

那么，当下这个事件对你的人生影响会有多大呢？

极端点讲，影响的可能只有时间。我们害怕失去的是时间，发现白走了这么久，发现做错了要花更多的时间来弥补。可是如果我们不去选择，失去的是更多的时间。唯一的区别是：我们可以假装通过不去选择来逃避选择的责任。

存在主义哲学家们打碎了这种自恋：**我们不仅要为自己的所作所为负责，也要为自己的不作为不选择负责。**

也就是你去冒险也好、安逸地待着也罢，你都要为自己的做和没做负责任。对于责任，我们真是无处可逃。

成年人的世界，只有选择和责任，没有对错。

8

如果你为某事感到焦虑、担心、害怕或者纠结，你可以——

欣赏自己：你想让自己事事选对，事事做到最好。这个动机还是很值得欣赏的。

告诉自己：追求更好是个好事，追求事事完美就不太好了。

问问自己：这个事做了会怎样，对你的人生，对你接下来的10年、20年、30年的影响是什么。注意客观，不要恶意夸大来吓唬自己。

然后允许犯错，允许失败，允许做不好。大不了从头再来。

适度的焦虑与纠结是很好的，可以让你谨慎、少走弯路。但不要幻想着从来不走弯路，允许走点弯路的人生才是正常的人生。

小焦怡情，大焦伤身。

9

人生处处皆小事。

○批评是一种索取，

表扬是一种付出

1

总有一些人对于表扬运用得过于羞涩，总是再三斟酌其言，难以直截了当地表达；而对于批评却用得炉火纯青、张口即来、无处不在，大有劈头盖脸之势，其娴熟程度让人瞠目结舌。

我们善于表达批评和否定，却难以表达肯定和赞赏。

我的很多访客都向我表达过这种抱怨：他们的伴侣总是批评他们，责怪他们，从来都看不到他们好的一面，他们很是苦恼。然后我就会问：那你有看到他好的一面吗？他们会很自然地说，有啊。这时候我就会问：

那你有向他表达过你的赞扬吗？

我收到的很多答案都是“没有”或“很少”。那些回答“有”的人，我就会再让他们详细描述一下他们是怎么赞扬别人的，然后我会发现他们赞扬得很“努力”，要有意识地调整自己的语言才能说出“你好棒”“你真厉害”之类的话。感觉像是在哄小朋友一样。我也会让他们回忆伴侣做得好的地方，他们会用“让我想想”之类的开头，需要一定的反应时间才能想起。但是当他们回忆对方做得不好的地方时，却如数家珍，信手拈来。

总之，批评的时候非常容易，表扬的时候却要非常努力。

2

批评是一种索取，索取是一件很容易的事情。

我们对于一个人的批评，实际上是在说：你现在做得不够好，你应该做得更好。而好不好是凭我的感受说了算的，你做得让我舒服了才叫好，你做得好了就可以满足我了。

因此我们批评一个人的时候，实际上是在说：我想你能做些什么来让我舒服点。

为了避免这种直接索取激发出我们内心的羞耻感，以显得我们并不是那么自私，我们就需要用各种道理来伪装，用对错来衡量，来让我们感觉自己并没有那么邪恶。但这时候你会发现一切的道理，都是围绕着争取自己利益服务的，都可以随着自己的得失而随时改变。比如我们网课里这两个人的故事：

某女。当她和老公发脾气的时候，她会有这样的道理：男人应该理解女人的感性和无理取闹，不应该用男人理性的思维来看待女人的感性。

但当她老公对她发脾气的时候，她就会用这样的道理：啊，你这么凶干嘛，你都对吗？我就一点对的地方都没有吗？你这简直是无理取闹！她要用理性来评判此刻男人的感性是错的，是不应该对她发脾气的。

某男。当他和别人产生冲突的时候，他就会责怪身边的人：你怎么不来帮我。看别人有困难的时候不应该主动搭把手吗？

但是当他在做事情被别人打断了的时候，他的道理就是：不关你事就不要乱插手！

呶，想要批评一个人，你会有10000个理由来成功地为自己的情绪辩解。因为这些理由和情绪的目的，都只是为了向他人索取来照顾自己的感受。

批评的潜意识语言是这样的：

我是弱的，你是强的。你要来照顾我这个弱的。

批评的目的就是让自己感觉舒服。

表扬是一种付出，匮乏的人是根本给不出的。

无需对人表扬的时候硬说出表扬，就会显得世故、虚伪、做作，让人感觉难受。因为你在违背自己的心，为了表扬而表扬。而真正的表扬应该是这样的：我发自内心地欣赏你的美，由衷地把它说了出来。我能发现你做得好的地方，并且愿意表达给你。我欣赏你，而不是觉得那理所当然。我感激你，而不觉得你天生就应该。你有不完美，但这并不影响你有很好的地方。

就说前面这个女主角。我们可以发现当老公跟她发脾气的时候，是想要跟她努力理性沟通的，却遭到了她顽固的感性脾气的顶撞。当他理性沟通失败而升级到感性层面，转而使用情绪沟通的时候，却又被她用理性的对错标准所反驳。

理性的表现就是对错，感性的表现就是情绪。

这个老公起码在努力想尽各种办法沟通，维护关系。这就是值得表扬的部分。敏感的人会说：那女主也在努力沟通呀！是的，他们两个都在努力沟通维护关系。但我们常常掉入这样的逻辑里而不愿意去表扬别人：

我们表扬一个人，就好像否定了自己一样。

所以我们不愿意表扬别人，是因为潜意识里我们不愿意承认自己做得不够好。

当一个人受到表扬的时候，他的内心就会获得极大满足感。他的自我价值感会瞬间得到很大的提升，觉得自己棒棒哒。

因此表扬，就是为了满足别人。表扬是会让别人感觉舒服的。这就是一种付出。

到此如果你认同我的观点，那你可以试着多一些付出，少一些索取，这会更有利于关系的维护。

但丛非从是玩潜意识的，不想说到这里就止住。我想多说一些烧脑的话，你随意性地同意就好：**世间所有的冰冷，都是对温暖的隐藏。世间所有的批评，都是对爱的渴望。批评是潜意识里对爱的表达。**

批评是在说：我要通过打击来削弱你，让你显得矮一点；我要通过显得强大和厉害，来让自己看起来高一点。

我为什么要这么做呢？因为我看不起自己。我的潜意识里觉得：你比我强大，我比你弱小。这样我们的关系不平等，我就会被抛弃。因此我要通过以上两个措施来让我们实现心理上的平等。

平等了我们才会真正在一起。平等的爱，才是和平的爱、持久的爱、安全的爱。我想和你平等，因为我想跟你在一起。为了实现平等，就要通过这种行为来让你看起来矮点，让自己看起来高点。所以我要批评你。

批评你只是因为我想跟你在一起，这是我能想到的对你最大的爱。

因此我不能表扬你。表扬会让你看起来更高，让自己感觉更低。那我们的距离就更远了。表扬你，潜意识里就会觉得这是推开你。我不想推开你，所以我不能表扬你。

一个潜意识里看不起自己的人，就会善用批评而少用表扬，来实现跟一个人在一起，实现跟一个人在心理上有更深层次连接的愿望。

然而现实却是：批评不会增进关系，反而会把对方推远。表扬不会推远对方，反而会拉近你们之间的距离。为什么呢？

因为对方跟你一样，同样匮乏。

在你的世界里，你看不到他的脆弱，只能看到他习惯性伪装的强大。你以为他的高度是120分，而你是80分。所以你要通过批评他，让他降20分，到100分。而你要强装一下，到100分，实现平等。

他的世界也是如此，他也会看到你的伪装，你的脾气、批评、指责，看到你很强大，有120分那么多，他却感觉自己只有80分。因此你批评他的时候，他就感觉自己变得更低了，不得不用更激烈的方式，来让自己看起来没你说得那么差——也就是给你更大的批评，更少的表扬。

他的批评，有一半是你的脾气和指责引起的。

其实这是一个死循环。你越打压削低他，他越想装得厉害点，看起来没那么差，以避免你离开他。然后你看到他越强大越怕他离开你而越想打压他……

直到有一天，你们中的有个人发现，无论自己怎么努力表达爱，都没有用。所以你或他会尝试着用绝望来保护自己，就是在潜意识里放弃跟你在一起的愿望，也就是不爱了。

然后你会发现：我们对于不爱或不想爱的人，是没有批评动力的，反而愿意对他们说很多恭维的话以避免麻烦。

说到这里，如果你想问：那对陌生人的批评谩骂也是爱他吗？

是的。爱不分陌生与熟悉。你批评一个人的时候，潜意识里就会觉得他比你强大，你想通过实现关系平等而能跟他在一起。来回忆一下你批评陌生人的场景，咀嚼那种感觉：假如那个陌生人按你批评的改正了，你的感觉是怎样的呢？会不会得到莫大的安慰，瞬间产生了亲近感？

因此你可以换个视角：

一个人批评你，只是因为：

① 他太看得起你。他已经把你放到比他更厉害的位置了；

② 他想打压你抬高自己，看起来跟你一样平等，实现跟你在一起的愿望。

你不会批评那些看起来就很弱的人，虽然他们内心不一定真的弱。你会安慰他，抬高他，让他觉得自己其实没那么差，然后你也会找找自己的毛病说其实自己也没那么好，以实现你们心理上的平等。

想和人连接，与另外一个人在一起，是人的一种本能。

爱就是一种本能，只是某些表达方式常常不被人接受。

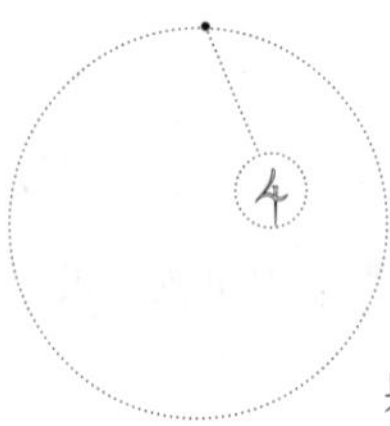

妈妈喜欢批评孩子，习惯批评孩子，也是如此。

妈妈如果在社会上感觉到自己是个弱者，在生活中时常感觉到自己的弱小，她就会把这部分当真，然后投射到孩子身上。潜意识里她希望避免孩子发展得过快、过于强大，所以就要一直打压他，以实现孩子离不开她的愿望。

一个妈妈表扬孩子的意思就是：你长大了，你强大了。强大到比我厉害了就可以离开我。

一个内心强大的妈妈才不怕表扬孩子。

很多人在说赏识教育，很多妈妈也在这么做。

但这点着实很难。我们对一个人的表扬，如果不是发自肺腑而是成了功课，就会让人感觉不真诚。比起批评，虚伪、做作更让人讨厌。

真诚才是人际关系中让爱流通的最大要素，真诚足以帮你建立良好亲密的关系。真诚的另外一种表现就是，我想批评你的时候，我会表达我内心真实的期待：此刻我需要你来爱我。当我被批评的时候，我会表达我真实的感受：我感觉很受伤，变得更弱了。

5

因此解决问题的关键就是真诚：

睁开双眼，看看真实的世界和真实的关系。

他并非你幻想的那样强大，你只是把他理想化成无所不能、不会脆弱的“妈妈”了。他也是一个小孩，害怕被批评，需要被表扬，渴望你给他小红花。

你并非像你幻想的那样弱小，那么需要他的小红花。他也会把你理想化成无所不能、不会脆弱的“妈妈”，需要你给他小红花。

真实的关系就是：我们都没那么强大、也没那么脆弱，但我们也时而强大、时而脆弱。

为什么别人的否定和指责会让你受伤？

1

被认可是人类共通的心理需求，每刻都需要被满足。当人不能通过自身来确认“我很好”的时候，就需要以他人和环境为镜，来确认自己的存在是足够好的。这时候我们会对环境表现出这样的需求：

对他人给予认可、表扬、称赞、夸奖、喜欢等正面回应的需要；

对他人给予挑剔、否定、指责、嘲笑、不喜欢等负面回应的逃避。

然后我们会启动一系列的反指责、讨好、否认与回避、扭曲事实、讲道理等防御机制来应对认可的缺失，希望扳回一局，来感受到自己是好的。

2

有人在婚姻里挫败。他觉得自己做得已经很好了，能够自己肯定自己了，但还是受不了伴侣的苛刻、挑剔和指责，感觉在家里满满的负能量，压抑到窒息。

有人在工作里挫败。他觉得自己有个变态的老板，对他有着滑稽的挑剔，这也不行、那也不好。然后他有100个理由证明绝对是老板有问题：所有人都受不了他。

有的人在人际关系里挫败。别人会批评我，说我不好。他觉得别人是在扭曲事实，对自己有偏见，所以自己很受伤也很愤怒。

被否定的时候，他们都有一个相似的表现：对方有问题，他错了。我要纠正他，让他对我有个正确的评价。

3

根据心理学某流氓定律推得，所有把责任归结为某一方的归因方式，都是在耍流氓。觉得别人有问题，别人一定就是有问题的。但即便别人真有问题，也不影响你自己可能也有问题。

你的问题之一就是强迫和控制。

不喜欢别人否定和挑剔自己的背后有着这样的逻辑：

你只能喜欢我，不能否定我。只能温暖我，不能挑剔我。只能按事实说话，不能扭曲或夸大。

你的潜意识会对对方释放“你只能做A，不能做B”的要求。如果他没做到，你就要使用反指责和冷处理来惩罚他了。

无论他有没有感受到，你已经首先在你们之间设立障碍和局限了，这阻碍了你们关系的能量流通。

4

你的问题之二就是霸道。只许州官放火，不许百姓点灯。如果你受不了别人对你的否定和指责，一定是你先对自己做了很多。

假如一个人能够承载否定的值有100分。你先对自己做了80分，你就只给别人留了20分的空间，因此你只能承受20分的来自他人的指责和否定。在这个范围内的你不care，多了你就抓狂了。

你对自己做了100分，你就受不了别人一点点的否定和指责。

如果你对自己做了120分，你就需要从别人那里索取到20分的认可，你才能正常活下去。因此你会观察到这样一些人：你不肯定我，就是否定我；

你不足够真诚及时地肯定我，就是在否定我！我们常常称这种人“敏感”。

你也会观察到这样一些人：他们能承受很多别人的指责和否定，依旧能淡定自若，界限分明，不卑不亢。因为他们给了自己较少的否定，那么他人的一些否定和指责就触摸不到他的底线。

有人问过我和一个情商低的人谈恋爱是一种什么感觉。我比较喜欢这个答案：

——我喜欢你。

——是吧，我也喜欢。

只不过你的版本是：

——我嫌弃你。

——是吧，我也嫌弃。

5

你无法认可自己，才需要别人认可你。

当一个人骂你神经病的时候，如果你能通过良好的自我认知肯定自己，知道自己不是神经病，那么你就不会对骂你的人有任何反应。但当你的潜意识开始怀疑自己的时候，你就启动了自己的防御机制：你才神经病，你全家都神经病。

因此我们说，当一个人对否定、挑剔和指责起反应的时候，无论他是在认同或者急着否定，他都是同意了。

一个人努力证明自己不是一个神经病的时候恰恰暴露了他是神经病的事实。

因为你缺乏，所以就问别人要得多了。

6

你为什么无法认可自己呢?

因为从来没有人教过你怎么认可自己。我发现那些在意别人认可的人，都在幼年遭到了对他们来说重要的人的无情打击和否定。

当他们做好的时候——不要骄傲。没有一丝丝的肯定。

当他们做不好的时候——你连这都做不好。各种粗暴的否定。

没有人帮你内化“我本来就很好”的自我概念，反而给你内化了“我本来就很差”的自我概念。

长大后就成了：

做好了，很正常。我是不会表扬自己的。

做不好，连好的部分都看不到了，否定和挑剔自己1000遍。

我们应该知道：妈妈不认可我是她自己的能力问题，她没有表扬别人的能力。但小孩子却将其内化为了：是我不够好，你才不肯说我好。

那些从小就缺的认可，长大了终究要问这个世界要回来。

你妈妈欠你的，你就会问所有靠近你的人要。

谁靠得越近，你问谁要得越狠。无论是老板、朋友还是恋人。

7

你终究无法从别人那里得到终极认可，别人都不是你妈，江湖复杂，多有波动，你必将会受伤。

但你可以认可自己多一些，问别人要的就少一些。对自己的否定和挑剔少一些，你留给别人的空间就多一些，你受的伤也就少一些。

○需要别人是一种能力

1

当我们身处这个时代，总是会有很多自己不理解的表现。比如说，我们会把和谐留给陌生的人，把愤怒留给亲爱的人，把悲伤留给自己。

我们时常会对亲密的人、在意的人苛刻至极，对他们有很多变态和非变态的要求，当他们做不到的时候我们就开始歇斯底里，开始愤怒、抱怨，继而冷漠、绝望。

比如我们会要求对方秒回短信、随时关注自己、为自己做某件小事等。记得以前我对女朋友就这样，她如果没有及时接我电话，我就会一遍遍地打，同时开始积压情绪，等到她接起的那一刹那我的情绪就会爆表。后来从事心理工作后，慢慢知道了这是一种普遍现象：有的人会抱怨伴侣工作忙太少陪自己，不够关心自己。有的人会大骂伴侣为什么不在大清早送自己去火车站。在他们看来，自己是在用生命呐喊，总觉得对方为自己做得不够，对方却直接屏蔽掉了自己的呐喊，继而更加生气，直到没气可生，只觉得这个人其实毫不在意自己。

有时候我们也会对自己充满鄙夷，觉得不该这么对待亲密的人，不该如此折磨深爱自己的人。但是又控制不住，当对方不能满足自己某个极品需求的时候，情绪又开始爆表。最终又陷入了“苛刻—愤怒—自责—更苛刻—失望—绝望”的死循环。

对亲密的人发火，无理地作、折磨、苛刻，我想是很多人都有过的经历。

当你愤怒的那一刹那，你应该停一下，去聆听自己的愤怒，愤怒其实是一种强烈的需求。我对你愤怒，是因为我想从你那里要，想从你那里拿走一些东西，以得到满足。我有多愤怒，其实就是有多需要你。需要你在我身边，需要你陪着我，在意我，关心我。我对你发这些火，只不过是想指责你为什么没有做到。

但是用愤怒和抱怨表达的结果却常常适得其反。愤怒就像阉割一样，会让对方产生特别强的无力感，他会觉得做什么都是错，从而什么都不想再做，即使想去做也会感到力不从心。抱怨会让人产生特别强的淹没感。被别人抱怨的时候，人会感觉到自己做了多少都是0，被盯着的永远是没做到的部分，即使做了30、60分，只要没有达到对方的100分，都被定义为0，继而产生了做什么都白做的感觉，像是被吞没了一样。

2

人类是一个奇怪的物种，既然如此需要被爱、被看见，为什么不能直接表达说“我需要你来关心我、爱我”，反而要用一种反面的、推开的方式来表达呢？我很需要你，这是一个事实，却又很难说出口。“需要”这个词，给人带来的最原始印象就是弱者才需要别人。一旦我承认了需要，就意味着我比你低，我比你低岂不很危险吗？自尊心上就受不了。

有的人会觉得，如果我开口表达我的需要你才满足我，那你并不是真的想满足我，你只是出于某种义务或不耐烦才做的，索要来的就没意义了。那感觉像是一种施舍，好像我在乞讨你的爱一样，即使我得到了爱，我也没有尊贵感。其本质就是不安全感：如果我不能在心理层面上比你高，我就是危险的。

我需要你，也意味着你可能不满足我。当我需要你而你却不满足我的时候，我的自尊心就会受到重挫，我害怕你拒绝。于是我不能直接要，我只有通过愤怒的方式，来让你知道你做错了需要改正，好满足我。或者通过假装不需要来告诉自己：I don’t care。

再深一步，我需要你，那么你就掌控了我。从进化心理学的角度来看就是：你掌握着我的生存资料，掌握着我生存的权利。这就是很可怕的一件事了，你掌控了我，万一你抛弃我怎么办？你伤害我怎么办？这不是很挑战我的原始安全感吗？

这是极深的恐惧感，而我们习惯面对这种恐惧感的方式就是进化，让它变成愤怒。

愤怒是一种保护，会让人感觉自己强大一些。愤怒的人，都是企图用情绪来压迫对方。因此从感受上来看，愤怒是把自己抬到了比对方高的位置以自保。愤怒是防御恐惧的方式——通过反向的形式。

如果我们看到了自己或别人的愤怒，一定也同时看到了恐惧。剥开愤怒外衣的时候，被抛弃、被伤害的恐惧就会呈现出来。

有的人连愤怒都进化不出来了，直接跨越到绝望。他们发展出合理化的信念进一步安慰自己：其实我不需要，没有这些我也可以过得很好。没有人有义务满足我，我只能变得更强大，一切都只能靠自己。

3

人们之所以会恐惧，是因为不相信自己可以被满足。因为我们有太多没有被满足的经历。

但也没有人可以完全满足、理解、重视另外一个人，总会有照顾不到的时候。被照顾到内心感受是一种间断性强化的过程，间断性强化最能强化人的核心信念。

间断性强化就是有时候能满足，有时候不能满足。比如说赌博，有时候能赢，有时候不能。正是这偶尔的强化，才让人欲罢不能，并想每次都赢。假如从此概率真的为0，人也就真的放弃了。被满足也是这样的，你所在意的人有时候能满足你，有时候不能，让你产生了“他是可以满足我”的感觉，继而让你想要每次都得到满足。与赌博相同的是，每次得到强化，你就会小小高兴一下，如果没有得到强化，你就会启动各种防御机制：愤怒、抱怨、假装不需要。并且你觉得这再次验证了以下真理：

没有人真的完全在乎你，没有人可以完全满足你。他们终究会忽视你。

这是一种很深的不值得感。虽然我在要，但是我不相信自己值得被满足。如果你去审视自己的内心，你会发现，愤怒与抱怨的背后，有一种彻头彻尾的绝望感与孤独感。一种难以言表的压抑和悲伤，无处安放，不能流淌，不可言说。

人们在亲密关系中的痛苦其实就是：我内心深处并不相信你能满足我，但是我还是想问你要。结果就是你真的不能满足我，我就很生气。

这是很典型的投射性认同。你把自己不值得被满足的部分投射出去，每当他满足了你，你就小高兴一下，或者自动化忽视掉。每当他没有满足你，你就验证了这一信念：看吧，我就是不值得被满足的。你会完全忽视了他曾经满足过你的时候，只盯着他没满足你的部分，成功地让自己陷入悲伤。

投射就是你只能看到自己内心有的部分。人们内心本来就有一种对自己无能的愤怒和绝望，对于不能自我满足的悲伤。为了应对这种悲伤，就以愤怒的形式投射出去要别人来满足。

我们需要别人。

4

并不是只有亲密关系才这样。我们对于身边亲近的人，都会如此重复这个模式。

我所理解的内心感知到的自己强大，有4个层次：

一种是愤怒。愤怒真的让人看起来很强大，理智上我们知道愤怒其实并不是强大的表现。但从感受上来说，愤怒的时候，我们避免了自己比别人显得低，借此完成了让自己心理变强大的过程。

一种是假装不需要。当我得不到，起码我可以告诉自己说我其实不需要。也就是酸葡萄效应，吃不到葡萄要说葡萄太酸我不喜欢吃。这样我就可以拿回主动权，不让自己显得比别人低，以表现出我的内心其实很强大。

一种是修行到不需要。很多心理学家、灵修学家、鸡汤学家都在告诉人们：你可以先爱自己，你完全可以自我满足。于是更多孤独的个体开始自我修炼：我自己满足自己就好了，不需要你。理论上说这也是可以的，但代价似乎有点大。

一种就是坦然地表达需要别人。

我所理解的真正强大，是要有需要别人的能力的。我们向对方表达需要，并不意味着自己比你低，更不意味着我就失去了自我或者没有尊严。我只是承认我在某些方面的确无能，是需要你的。就像是我去餐馆点菜，此刻我没有能力和条件做饭，需要餐馆给我饭菜。同时我不觉得我因此就比你低了，因为我坚信我对你有其他付出也让你很满足，我们是平等的。当我表达需要的时候，我也不强迫你满足我，你可以说对不起本餐厅今日没有该菜，那我换个菜或者换个餐厅好了，而不会大吼你为什么居然没有这个菜？！你平时不是都有的吗？！

一个看起来强大的人，会自己在家做饭，他有足够的能力不依赖餐厅。但是我还是会觉得，时常去餐厅生活会更惬意，更自由。

需要别人与依赖别人不同。依赖就是完全不相信自己有能力也不会行使自己的能力，而是交付给对方来满足。依赖会形成强迫，你不满足我，我就很受伤，容易绝望。需要则是，我选择表达，这是我的事。你能否满足，就是你的事了。但我不会因为不确定你是否能满足我而不表达需要，更不会因为我有很多没被满足的经验就任意下判断，说你不能满足我。“All I need is you”的心态，就是一种典型的依赖。

依赖就是我不行，你来替我做。健康的需要是：我也努力，你陪我一起。

其实很多矛盾，尤其是亲密关系的矛盾，都来自于我们不能直接表达自己的需要，甚至是不能觉察到自己的需要。我们太习惯于不表达需要，因为表达需要就意味着受伤、被人拒绝、不被满足、没面子。

真正的强大就是，我表达需要，但我不会受伤。有表达就有不被满足的概率，表达本身就是一场赌博。得到很好，失败也无须觉得受伤。

人们对于心理营养的很多需要，从他人那里得到满足要比自己创造容易得多。我需要空气，我有3种方法来解决：开窗，但这是危险的，会带来雾霾、噪音；自己制造空气，好累好心塞；告诉自己其实我不需要空气也可以活的，然后练习屏气大法。

我会觉得真正的强大，是选择开窗，允许空气和伤害同时进来。但是我的房间和身体都足够强大，能够抵抗雾霾和噪音的伤害。这也来自于自己的信念：我不需要把外面雾霾和噪音的伤害，放大到致命的地步。

当我们能够坦诚表达：此刻，我需要你。如果你方便，就满足我一下；如果不方便，就下次再满足我。我需要你而不是依赖你，这样我们的关系就会和谐很多。

这就是一致性沟通。当我需要，我就表达需要，而不是愤怒，或者假装不需要。

没有压力的需要，是促进关系的。如果你能满足我，我相信你会去做的。当你不能的时候，我不再因为你曾经能就认定你每时每刻都能。我相信我是值得被你满足的，当你没有满足我的时候，我相信这不是因为你不想，而是你的觉察能力、精力、意识范围都有限。因此，当你做到的时候，你会有成就感，我也有满足感，这就促进了我们的关系。

我也会盯着那些你曾经满足我的部分，来强化自己是值得被满足的这一信念。就像是我去餐馆，我觉得我自然可以点那道菜的，即使今天没有，我也相信它下次会有。

表达的另外一个意义就是，让别人更容易理解你，也就可以更容易满足你，而不是告诉他“我对你愤怒是因为我需要你”，要求他脑子转三个弯才可以理解你。

5

进一步的和谐就是：我表达我的悲伤，分享我内心深处的孤独、脆弱和无助。当我能一致性地剥开我的感受并同你表达的时候，我表达的感受越深层，我们的连接就会越深。

也就是：我把悲伤留给你，让你来懂我，就不会再有愤怒。

最后：谨防把需要变成依赖。有自我的需要和没自我的需要，动力完全不一样。有的意思是：我需要你来支援我，帮我解决这一大困境。但是你不支援我，我自身的系统也能独立运作。

○自尊心强是因为太自卑了

自尊心强的人，在理解他人这件事上会出现很多困难。在OH卡课上，我们经常会练习如何理解别人，贴着别人的感觉走。设身处地地走到另外一个人的心里去，体验他的感受，理解他为什么会有些这样或那样的行为。我常讲，OH卡的精髓就在于它可以帮你走进另外一个人，成为他并保护着他，让他可以在你面前有更多流露和绽放。那一刻，你们是在一起的。

总有些人会把走进另外一个人的世界，变成让另外一个人走进他的世界。当遇到跟他价值观不一致的人的时候，他会不自觉地对其加以评判，然后想改变并控制对方。比如说，有个同学说到她就是不愿意付出、也不想付出，只想索取。然后跟她搭伙的同学就会表现出不屑和控制，就是想让她明白：人就应该学会付出，懂得感恩。

我会提示这个同学：为什么她会害怕付出？是什么样的经历让她对付出都害怕了？她此刻的内心世界是怎样的？

这类人在生活中也会呈现出同样的姿态：控制欲强、自尊心强。

在他们的两性关系里，也会表现出这种姿态：当伴侣跟自己不一样的时候，第一反应不是去理解他为什么如此，而是要急着纠正他。我们课里有个同学，她老公爱拖拉，不守时。每每如此，她就焦虑得不行，经常大吵特吵。她坚持信奉“人就是应该守时”“人就是应该为工作负责”，然后想把老公也掰成这样。虽然她每次都失败，但屡败屡战，乐此不疲。

我引导她让她发现自己其实是以自我为中心的，她表现出了一点点羞愧感。然后她在问我该怎么办的时候，我会直接告诉她，每天对自己喊30遍：我是你的仆人，我的存在就是为你服务的。

她接受不了。

凡是感到受不了的，都是触动到了你的情结。你有伤疤，才会一动这个部位就疼。一个健康的人格，应该能屈能伸，能高能低。这才能保障和他人平等。可很多人却将平等理解成了：有时候我们一样高，有时候我比你高，但决不能允许我比你低。

这个部分就是出于自尊。他们会感觉，如果我为你服务，以你为中心，跟你道歉了，我就没有自尊了。

他们在工作关系里也是这样，受不了客户的趾高气扬、挑剔，经常有“老子还不愿意伺候你了”的感慨。有时候我能深深感到“可怜之人必有可恨之处”，你会发现在工作中那些混得不怎样的人，自尊心格外强，恨不得全世界都以他为中心。那些成功人士却多谦和、宽容、能以别人为中心。成功更多拼的是人格，而非机遇和能力。一个人活得穷苦，跟他的性格有很大关系。亲密关系也是如此，自尊心强的人会把亲密关系处理得一塌糊涂。当一个人把自己当成受害者的时候，通常是他在关系里做了很多让对方窒息的事。

无论是亲密关系、普通人际关系还是咨询关系，最怕自尊心强的人。人自尊心强的时候，是无法理解他人的。那时候你只关注自己，没有别人。

控制欲强也是自尊心强的一种表现，因为他要把别人都变成他那样，来证明他是好的、是对的。不要说你本来就是对的，哪有什么一定和必须?

一个人之所以自尊心强、控制欲强、不能理解别人，是因为他无法走出自己的自恋。因为他需要很多外在的配合和证明，来证明自己是好的对的。当他需要改变他人和环境来配合自己的时候，其实已经说明他自己是不自信的了。

因此自尊心强的意思就是：你要以我为中心。你不能表现出对我不好、蔑视、打压、不尊重、不听话，你的动作要按照我的旨意来完成。

而一个真正有自尊的人应该是这样的：

我确定我是好的，我的本质不因我所处的环境而改变。即使我处于被侮辱、打压、控制的环境里，我也是好的。我不会因为你怎么对我，而变得好或者坏。因此你的蔑视和否定是你的事情，我并不需要认同。只要我心里没有“我不好”的概念，就不会被击中。我上得了殿堂，被众星捧月；也下得了谷底，不卑不亢。你发现真正的贵族就是这样，他即使沦落街头，衣衫褴褛，他也和其他乞丐不一样，他也会被人尊重，因为他尊重自己，相信自己是好的。所以他能东山再起，而其他乞丐就很难翻身。

相反，当我潜意识里觉得我真的不好的时候，我才会害怕你说我不好。自尊心强是因为你在潜意识里觉得自己太卑微了，而又不愿意承认，为了阻止真实的自己出来，你就要堵住自己的嘴，控制住别人的手。

一个人越是强调什么，他越是匮乏什么。

我们在玩OH卡的时候，这个定律就非常好用，你听一个人描述卡时重复的词是什么，你基本就知道他这个人缺什么了。

全世界都围着我转，就可以逃避“我是不好的我就会死”的死本能，这是人类都有的一个自恋的幻想。我们满足它的渠道无非有二：

① 我要控制别人，改变别人，通过讨好、委屈、抱怨、指责、强迫或以正确的名义要求别人等方式来实现让别人服从于自己的目的。

② 我确信并坚信我是好的，我不需要别人围着我转，我本来就是好的。

第一种方法会让你越来越孤独，第二种方法会让你成为一个柔软、谦卑、宽容的人，越来越和谐。

我们想跟另外一个人建立关系，就要先走到他心里去，理解并尊重他。这个过程也就是：放下自己的自尊，放下企图让他以你为中心的幻想，从自己的世界里走出来。此刻，你要以他为中心，你所有的想法和行动，都是为他服务的。

凡是他要的，你就给他，你们的关系就会密切。表现形式就是：我愿意成为你的仆人，围着你转，照顾你的每个想法。

有人会反驳：凭什么我给他，他怎么不给我，围着我转呢？谁缺谁要，给不出是因为你自己缺，索取则是因为你更缺。

那么这不会纵容他、惯坏他吗？

并不会，你是高自尊的，就会是有界限的，这不同于讨好。你照顾他的想法，只是暂时放空自己，并非放弃自己。高自尊的人会感觉到：我们都是对的，此刻我愿意照顾你。低自尊的人则会想：我们中只能有一个人是对的，如果我照顾了你让你对了，那么我就是错的了。所以你必须得照顾我，让我是对的。

高自尊的时候，你也会体验到：满足别人是一种美德，成就别人也是一种美德。

他那么匮乏，他不得不通过打压、欺负、轻视你来感受到一点存在感，他需要你给他一点点认同帮他来感受到自己还是有价值的。那么你就给他一点又何妨呢？人在富裕的时候，是很愿意满足他人的。

你也会体验到慈悲。慈悲就是我看到了你的匮乏，我愿意满足你，安抚你。于是我们会在灵魂深处有一次相遇。

这也是我喜欢玩OH卡的原因。每次课上都会有人问我怎么样能做到像我一样好，我会说，很简单，以他为中心，跟他在一起。在和他人玩OH卡的时候，我喜欢以他人为中心，像牧羊人一样保护着他，跟随着他，看他的思想和情感安全地流露出来，我会因这样的生命而感动。

理解一个人，就是以他为中心。因为我本来就是中心了，不需要再反复确认。此刻我想让你体验一下被人当作中心的感觉，这是我能给你的深层次的爱。

这就是谦卑的智慧，就是我肯放低自己，以你为中心，满足你的自恋。那我们的关系就是和谐的。

因为我从来都不曾觉得自己低，我才敢把自己放低。

我常用反向矫正法来快速帮人修通自己，打开情结。我的方式就是给我的案主们一个咒语。对于那些脆弱、自尊心强、控制欲强的人，我常给的咒语是：我的存在，就是为你服务的。

每当你与人互动感到不舒服的时候，你就念念这个咒，你会有各种委屈、不甘、凭什么。别怕，那就是疗愈的过程，让这种情绪流出来，你会发现，你所有的敏感和自我保护后面，都有着莫大的恐惧，你太害怕别人不重视你了。而你终究也将发现：从来没有人不重视你，一切都只是你的恐惧。但真正能给予你足够重视的，只有你自己。

○忍耐与情境：人长大了是要憋得住尿的

在这个世界上，有三种东西人憋着会很难受：情绪、话语和尿。

当人还小的时候，是憋不住尿的，所以他会随地小便。当人在生理上渐渐长大，人就习得了憋尿的能力。并且，人在肛欲期（一岁半至三岁）进行大小便训练后，就有了什么地方该小便、什么地方不该的意识，也就是有了情境意识，并且有了自制能力，可以在合适的情境里排泄——这就是理性的发展，人有了基本的智商。

同理，人在很小的时候，也没有控制话语和情绪的能力。想哭就哭，想闹就闹，想说什么就说什么，得不到就发脾气，毫不顾忌情境和他人感受。随着人心智上的成长，人也渐渐有了自制的能力，知道什么话该什么时候说，知道什么情绪在什么时候不该释放，会顾及情境和他人的感受——这就是情绪的自制能力，人有了基本的情商。

但并不是每个人都那么幸运，并不是每个人在小时候都顺利完成了大小便控制的训练，所以你会看到一小部分人在成年后依然肆无忌惮地在马路上大小便。这种人通常被视为精神病，会因露阴癖、不文明行为等缘由被关起来。实际上他们错了吗？他们没错，我自己的生殖器，我自己的需求，我自己排泄，关你们什么事呢？这是我的自由呀。然而理智又告诉我们：我们不能这样，因为这样不文明，这样影响到了他人。马路不是一个适合大小便的场所。

同样，情绪和话语也是这样，不是所有时候都适合表达和发泄的。

这个道理听起来很简单，但是做起来就不是那么回事了。比如说，在亲密关系中，当你的伴侣很忙碌的时候，你依然要冲他发脾气、索要关注、不停地给他打电话、问他为什么要忽视你，要通过各种作、各种情绪来求得他依然爱你的明证，全然不顾他的情境。不管他是很累了，还是在开会，或者今天他心情也不好，再或者他今天也在外面受了委屈。你不停地索取，结果必然会很失败。因为你没有照顾到情境。在不合适的情境里表达情绪和话语，就会伤害到他。你也许会很委屈：我不过是想说说心里话，这错了吗？我不过是想他安慰我、陪陪我，这错了吗？这都没错，也不是他不能给你，只是情境选错了，这种情况下索取就会伤害到他。

比如在工作中，你跟某个同事或你的团队合作的时候，你对某某有了情绪，你很想表达、很想发泄、很想解决，但是情境不合适。或者你们当下共同面临着某个任务项目，或者你们正在客户或领导面前，即使不是你的错，但如果你此刻发泄了，那就是你处理不当。因为你伤害到了整体利益，也伤害了他。比如我遇到的几个情况：有人在公司年会上和部门的人一起表演舞蹈，结果就一个人跳对了，那几个人全错了，结果这一个人就很不悦地表现了出来，直到很生硬地结束了这场舞蹈。还有一个年轻人在工作中感到累了，就情绪化地想辞职，尽管当时公司刚信任地把一个项目交给他，并且已经启动。在生活中也是，你常常对某个人有情绪，忍不住就想发泄，想爆发。你常常不分情境地说自己想说的话，常常情绪冲动地做事，让人感觉你想一出是一出。

情绪化问题是很值得被讨论的。如果你由着自己的情绪做事，是感觉很爽的。你可以想做的时候做，不想做的时候就不做，舒服的时候做，不舒服的时候就放弃。说不好听的这叫不负责任，说好听的，这就是“心理学家”们误导人的“跟着自己的感觉做”。我其实一开始是不太赞同的，人可以跟着自己的感觉走，但人更要有基本的理性调控。

情绪化的反应被称为感性反应，理性思维的自我操控能力被称为理性反应。理性和感性的冲突，是永远存在的，这也是欲望和平衡的冲突。心理学家们教人爱自己，跟着自己的感觉走，实际上是想让人到达超越理性和感性的阶段——悟性反应。这是在考虑到情境、他人、自我后，做出的一种综合平衡的反应。当这种平衡成为一种习惯的时候，人就有了悟性。而我看到很多人，却错误地理解了“爱自己”“跟着自己的感觉”，退化到了情绪化里。

感性反应是比理性反应更原始的一种应对方式。情绪具有不稳定性，理性具有稳定性。我们活在社会上，要稳定地对待情境和他人，才能够生存。因此当你不能超越感性和理性的阶段，还达不到悟性层次的时候，你还是得依靠基本的理性，不要让情绪、感受、欲望控制自己为好。

丹尼尔教授提出了情绪智商一词，也就是常说的情商EQ。其中很重要的一项能力就是“自我管理”，即克制自己情绪和冲动的能力。其实在我们中国文化里，很早就已经有了这种意识：“克己复礼为仁”“吾有三宝：一曰勤，二曰俭，三曰不敢为天下先”“静以修身，俭以养德”。俭，就是自我克制的一种。

自我、情境、他人，这三个都是要考虑的因素。平衡才是持久之道。如果你习惯忽视情境和他人，习惯跟着自己的感觉走，那么有一个东西可以让你趋向于平衡——忍耐。人是要适时地委屈一下自己。

这就需要你有两个基本能力：能判断出当下情境是否合适以及知道什么是合适情境的能力，憋住直到合适情境到来的能力。

对于第一个能力，我们可以之后再说。对于第二个能力，有个更专业的词可以解释这个过程：延迟满足。

现在让我来多说一点延迟满足。延迟满足的要义在于“延迟”，而不是放弃满足。如果你能憋得住情绪，忍得住话语，等到了合适的情境里再表达的时候，你就会获得更令你满意的效果，这比起在不合适的情境里就即刻发泄出来，会让你获益多很多。但是我们很多人却把延迟满足理解成了不满足，仿佛此刻不满足，就再也没机会了一样。仿佛此刻不表达情绪、此刻不表达思念、此刻不被关注、此刻断了连接，就永远失去了一样。这可能与童年早期建立的不安全依恋关系有关。

总之，人是要训练自己的忍耐能力的。这是心理上的训练，就像当年我们在生理上要训练憋住尿一样。

如果你要问为什么要这么折磨自己，想怎么样就怎么样、跟着自己的感受、尊重自己、爱自己不好吗？我只能说，就像人要憋住尿一样——这是人类基本的责任感、羞耻感、荣誉感、良知、道德感。如果你只想自私地活着和索取，那我也不好说什么了。

从正常人的发育来看，我想和你分享一下这个段子：

所谓幼稚，就是既憋不住尿，又憋不住话与情绪；所谓不够成熟，就是只能憋得住尿，却憋不住话与情绪；所谓成熟，就是既憋得住尿，又憋得住话与情绪；所谓衰老，就是憋得住话与情绪，却憋不住尿了。

你呢，你今天憋住什么了？

为了避免有些人太习惯于忍耐，我还是想补充一句：所谓憋住，并不是把情绪或话语压抑到身体里，继而伤害身体。而是有能力自我消化，在自己的体内将其转化为成长的动力；或者等到合适的情境到来的时候再表达出来。后者需要你自我训练，前者就是心理学和我教授的内容了。

○如何假装自己优秀

很多人和我一样渴望优秀。因为优秀的好处有很多：比如说，牵引力。优秀可以让人获得关注，可以霸气侧漏，可以衣锦还乡为父母争光，可以报效祖国、家乡，甚至“报效”那可爱的姑娘。再比如说，推动力。优秀是为了让某些人逃避被淘汰与恐惧。在他们的家庭教育中，默默地形成了这样的模式：你必须优秀，必须做好。你只有优秀，才是被爱的，才有资格活下去。前者可能会更好些，我们可以努力优秀，不优秀也没关系。后者就没那么幸运了，他们无法接受自己不优秀，无法接受自己不好，无法接受自己的差。

所以后者也容易出问题。换句话说就是：我们期待自己各方面都优秀，但我们是否在强迫自己必须优秀？并且，当我们不优秀的时候我们该如何应对。前者容易放过自己。后者则会继续强迫自己努力，或者心里变得扭曲开始消极应对。

因为优秀的代价也很大：你得真正地努力才行。

优秀，是我所渴望的；付出，是我想逃避的。优秀与不付出，两者不可兼得。如何可以使两者相契合？于是人们的潜意识想出了很多游戏，比如说，假装优秀。

游戏一：把不优秀的原因推卸给不可控的因素，假装如果没有这些因素的话，自己依然可以优秀。然后一面怨恨着这些因素，一面安于自己的现状。因为不是自己不努力的错嘛。

比如说，环境。当我们把不优秀或无所作为推给环境的时候，那感觉简直棒极了。因为现在的互联网环境较为饱和，而我年轻正当奋进的时候，互联网还没开始崛起，所以我才没有在这个行业里有所建树。因为现在的房价太高，所以我才买不起房。因为所在的工作环境过于死板、老板过于奇葩、大环境不好、制度不好等等，所以才导致我没发挥好。如果不是处于这些不好的环境，我是可以做得很好的。

比如说，父母或他人。当我们把现状不是很好的原因推给父母的时候，那感觉也挺不错。都是因为我爸妈当年对我做了什么，没做什么，都怪他们没有什么钱啊、权啊，都是他们控制了我、给了我压力，才让我现在活得这么差。有时候严重些，会推给他人：都是当年谁对我做了什么。比如说因为我的英语老师当年对我不好导致了我现在英语不好，没法出国，混得太差；又或前任对我造成了不可磨灭的伤害。

比如说，自身经历。都是因为自己做了什么、没来得及做什么，才导致了我不够优秀。因为大学没好好努力，因为早年颓废了，因为结婚太早，嫁错了人，等等。这些因素看起来是自己的，不是外在的。但是这里却有一个小小的共同点：这些因都归为不可控的，不可更改的。归因的目的，如果不是为了改正，而是让它成为因果关系，那么也就开始了这个游戏——“××导致自己不够好”。

比如说，性格、能力等自身因素。你是否在玩这个游戏，取决于你怎么看待这些自身因素，你是否认为性格、能力等是可改的、可控的，还是你认为这个东西很难改、不可控。比如当你把自己的不成功、不优秀归结为自己内向、懒惰、没能力、没钱、长得丑等因素，并且认为自己就这样了没法改，那你就在玩这个游戏了：都是自己的性格、能力不好导致自己现在活得不够好，不够优秀。然后你就开始假设：假如我有某种技能，我也可以做到优秀；假如我的性格是开朗勇敢果断的，我也可以……

游戏二：让别人闭嘴，不要谈论自己不优秀的地方，来假装自己依然优秀。

这个游戏有3种玩法：指责他人，指责自己，逃离环境。

指责他人，顾名思义，就是不让别人说自己的缺点、不足、不好。当别人企图说出自己的不好，或在暗示自己不够好的时候，你就会觉得没尊严、没面子，然后想尽办法让对方闭嘴。以吵架的形式、反驳的形式、逻辑证明的形式……比如当有人说你“××事你怎么做成这样”或“你看看谁家的谁谁都多么优秀”的时候，你就会觉得自己好像受了奇耻大辱一样，然后开始和对方对骂，或者开始贬低，“切，×××算什么”。

指责自己的游戏貌似更好玩一些。当被别人批评的时候，你会紧张、挫败、自责，觉得自己一无是处。甚至在跟人相处的时候，你会生怕得到不好的评价，变得小心翼翼、紧张兮兮，这俗称为社交恐惧症。和人相处紧张，多数时候都是因为害怕自己表现不好，怕别人对自己印象不好。

逃离环境，就是到一个更差的环境里，显示出自己其实没那么差，从而找到一点安慰。比如你在恋爱里不自信则换个条件也差些的对象，对工作没信心则找个绝对能胜任但条件一般的工作。这就是中国人常说的“宁做鸡头，不为凤尾”。

通过这两个游戏，人们都可以不用付出，就实现心理上的优越感。优秀更多时候是一种心理需求，现实中自己到底是不是优秀，真的没那么重要了。重要的是，把自己骗过了，相信自己是优秀的就可以了。在中国博大精深的文化里，有一个故事可以概括这两个游戏：有个人想偷铃铛，但他怕别人听到，于是他就堵起自己的耳朵，以为这样别人也就真的听不到了。

然而从现实的角度来讲，我们还是不鼓励掩耳盗铃的。我们应该做的是：可以承认自己不够优秀，勇于面对现实。当你承认这点的时候，就可以发展出两个更加健康的游戏，来应对自己对优秀的需求：

健康游戏一：把不够优秀的原因归为可控因素。在萨提亚模式里，我们常用这两句话给访客做工作，也是给自己做工作：**改变永远是可能的，即使外在上的改变是有限的，内在的改变仍然是可能的；我们不能改变环境，但是我们能改变环境对我们的影响**。当能力、性格、环境、经历、父母等因素不可控、不可改变的时候，我们可以做两件事：

改变对它们的态度，发现它们的积极意义。现有的这些条件，只是既定存在而已。除了消极影响外，必然也有积极影响。比如制度这个东西，制度过死的时候，恰恰也是一种保护。比如内向，也许在人际关系上没什么直接好处，但是它可以让你更加聚焦自己，踏实和敏感，反而会间接促进关系。比如就心理学行业来说，相关国家制度上的不完善以及现有市场上的混乱情况，使心理学的学习、从业都充满困难，但不正是因为正值“乱世”，我这种不入流的心理工作者才有机可乘进入市场了吗？（我谦虚一下，你们别当真。呵呵。）所以真正的问题就是：在现有环境和条件下，我们可以做哪些来让结果更好些？

健康游戏二：放弃优秀的念头，你即使不优秀，也很可爱，也可以被爱。人们努力了很多，大抵都是在寻找一种认同感、安全感。其实即使你不优秀、不成功，你也是可以得到这些的。那些成功和优秀的人都这么说过：到最后，你还是会发现其实平凡才是唯一的答案，平平凡凡才是真。

总之：**通过努力而来的优秀或踏实坦然的平凡，相比假装自己优秀时的抱怨和封闭，我们会更喜欢前者。**

○如何走进别人心里，以安慰他人

不知道你有没有过这样的体验：你想向一个人敞开自己、说说心里话，却不知道从何说起，更不知道该对谁诉说。有时候你对亲近的人（好朋友、伴侣之类）诉说自己内心的那些不快乐、悲伤、难过，却得不到相应的安慰与满足，对方回应得很有道理，但自己心里却会升起一种莫名的落寞感和距离感。其实本来确实没多大的事，你都知道该怎么做，你也知道对方很关心你，但那一刻你就是感觉不到被理解，甚至感到孤独。

比如我最近在咨询中遇到的一件事：

一个女孩跟他的男朋友说，她有时候看到自己曾经的那些同学都出国啊、高升啊之类的，就有些嫉妒，会觉得自己不好，开始自我否定。然后她男朋友就会安慰她说：不要想这些了，这只是暂时的，有天你会比他们过得都好的。再说了你跟他们又没关系，不用去嫉妒，总有人会比你过得好的。

女孩听了听是那么回事，也觉得自己不该嫉妒，于是就不再说话了。

对这种自我否定的人的安慰，说一大堆鼓励的话，还是有些成功学的味道的，这其实是把当事人的状态A否定掉了，即：你不该也无需有这种情绪状态，这是负向的，不对的。你应该有B（积极向上、活泼开朗的）状态。然后当事人也会认同这种说法，就会拿理想B又开始否定自己的现状A。我通常把这种状况叫作：和另外一个人一起对自己施加暴力。因为你把这种情绪状态压下去，其实是对自己的一种强迫。

很多不开心好像都在被这么安慰着：哎呀，不要不开心了；节哀顺变吧；想开点吧；不要那么想了；其实你没必要这么想的……这些安慰都是一种暴力，一种对当事人现有状态的否定。

这种否定是让人很难受的。明明知道说这话的人是出于好心，但自己就是会感觉没人懂，有距离感。

后来我知道了这都是不能走进别人心里惹的祸。

走到Ta心里去，是件非常美好的事情。当你能够走进去的时候，你就懂得了他，当你懂得了他的时候，你们的关系就会微妙地亲近起来。这是一个“棒棒哒”技能，我反正感觉是比较受用的。这个技能非常简单，简单到我觉得它跟心理学没有关系。但我们还是姑且把它归结在这个范畴中吧。

这个技能就是无情夺走我三观的一句话：态度大于内容。

作为一个现实主义的经济适用男，一开始着实难以接受。事情做好了、利益最大化不就行了呗，哪有这么矫情，讲究什么态度？这就像是出门坐火车，能到不就行了么，要什么一等座？住宾馆有床不就行了么，要什么星级？买东西质量好不就行了吗，管什么服务态度？态度是什么？态度又不能当饭吃。

这只是理性。人单纯只被理性操纵的时候少之又少。现实中，我无数次被良好的服务态度诱惑，多花了不少冤枉钱。

延伸一下这句话就是：

态度是针对人的情感部分的，一个好的态度，会让人在情绪情感上感觉到舒服，体验流畅积极，这个体验就会反过来影响人的理性思考。内容则是人的大脑所处理的信息部分，经过逻辑判断、权衡、抉择等过程，做出理性思考。理性思考是发生在人意识中的，会调控人的感受，但是相对较难，比如你不开心的时候想通过理性思考“想开点”，很难。但是当你感受比较积极的时候，想法就很容易发生变化。感受更多的是受潜意识支配。

这就意味着：当我们跟一个人交流的时候，同时是在两个层面上发生着互动：内容信息层面和情绪情感层面，即理性与感受。当一个人跟你表达的时候，在第一个层面上，他在用嘴巴说一些事情，这些内容经过我们的耳朵、眼睛等感官，会被直接采集，并将其输入大脑，进行逻辑加工。这时对方的嘴巴说出什么话一切都是在我们自己的世界里完成，对方只是你一个信息源输出者而已。他作为人的部分是不被看见的，因此想走进他的心也就无从谈起。另外一个层面上，他的话语信息里承载着情绪情感，他是快乐的、悲伤的、渴望被接纳的，或者其他。这个层面的流动，是隐藏在他的内容信息之下的。这个层面需要你用心去发现，而不是用耳朵和眼睛。我们太习惯处理前者，而忽视后者。

那么问题来了：感觉不被懂得、被忽视、孤独，实际上都是同一种感受。人之所以会有这种感受是因为在表达感受的时候受阻。当你在向一个人表达的时候，他只听到了你的内容信息，而忽视了你的情绪、你的感受。那么交流在这时候只有一个渠道是畅通的，另一个渠道则被堵死了。那感觉就跟你要说话却被强行禁止了一样，真的会让人受内伤。

因此我们提供了一种可能性：在处理信息内容的时候，同时处理情绪情感。在回应对方的话语之前，先看到他要表达的隐藏情绪。

比如最开始说的这个姑娘。她在向男朋友表达她内心深处的嫉妒的时候，实际上是在表达自己内心的脆弱，因为她不太能够接纳自己的这部分，她的情绪里还有些自责，她的话语里会带着这样的含义：我不喜欢我自己，不能接受我自己，但我希望你可以接纳这样的我。而男朋友的回应是“有天你会比他们都好的”，实际上是在说：是的，有天你比他们都好的时候我是爱你的，但我的确不支持那么嫉妒的你。所以我要说服你，把你改造成为我理想的爱人。

他们两个人都在处理内容信息，而没有留意情绪情感。但是潜意识知道，潜意识释放自己的情绪情感的企图失败了，没有得到期待的回应，很多感受又被憋了回来。

当然，男朋友不是故意要这么做的，因为他也不接纳自己是个随便嫉妒朋友的人，自己惯有的方式就是压抑自己的这部分，不爱自己的这部分，他在处理别人这部分的时候，也会采取同样的方式。

我给出的调整是：其实嫉妒是个很美好的情感，让人上进。我们在付诸行动的时候，可以选择自我奋斗等理性的方式，而不是破坏别人之类的消极方式，如此就可以了。嫉妒并没有错，因此你不需要拿它来折磨自己。那一刻我想我走进去了，她体验到了被人接纳的感觉，隐藏的担心、自责开始了流动，完成了自我接纳的修通。我们的关系又被拉近了一步。

走进别人，这个活儿其实很简单。专业术语叫“共情”，你只要共情就够了。共情，共的是情，即借助他人的言行，深入对方内心去体验他的情感，并让他知道你也体验到了那些情感。用通俗的话说就是：别只看他的言语，还要看他隐藏的情绪情感。当你看到那些情绪情感的时候，它们也就开始流动了。然后你只用选择合适的方式表达给他而已：用眼睛深情地看着他，恰当地回应“嗯嗯啊”，摸摸头、拍拍背……都可以。

共情跟你是否知道该如何处理他说的那些疑惑并没有多少关系。当一个人在诉说的时候，只要他被倾听，被理解，他多半是会找出自己的答案的。罗杰斯创立的人本主义的核心就在于此，给予一个人足够的倾听、积极关注、共情，他自己就会疗愈自己，自己找出办法来。我也有这样的体验，当我在被人倾听的时候，我能讲出很多我自己原本都不知道的东西。这也是前面我们说的：当情绪情感随着语言的流动而流动起来的时候，它就会变得通畅，反过来影响理性，自动调节了认知。他的潜意识比你更清楚答案是什么。

难点就在于：你如何识别他的情绪情感。

首先你得有这个意识。你要有意识分裂出一个自我去做这件事。一个自我在听他的话，一个自我去感受他的情感。不要怕自己人格分裂，健康的人都得有这个分裂的能力，精神分裂症比我们缺的是整合的能力。其次就是把他当作你自己，如果你在他的处境下遇到这种事的时候，你会有什么感觉。注意，是如果你是他，在他的背景里遇到这种事，而不是你，在你的背景里遇到这种事。再简单点说：就是把他当成你自己去感受，而不是仅仅把他当成一个和你对话的人。

而这取决于你是否有感受自己的能力。你是否是个能知道自己情绪情感状态的人；你是否是个会压抑自己情感而只靠理性生活的人；你是否能接纳自己内心的脆弱、邪恶、不开心；你能否能识别你自己没体验过的、自己不接纳的情感。

当一个人自己内心深处都不愿意面对、没有识别出来的情绪情感却被别人看见或接纳的时候，那种感觉太好了，顿时愿意为另外一个人打开一扇门。

有时候，作为一名心理工作者，走进别人的内心是件很容易的事。不是你大脑里储存了多少弗洛伊德，而是因为答案其实就那么简单，谁都可以轻而易举做到，只是我们往往不愿意看到真相而已。你也可以成为这样的一个人，不需要学习多少心理学，只是在处理他人话语里内容和信息的时候，多分裂出一个自我，俗称多个心眼，去重点处理一下他话语背后隐藏的情绪情感啊。

回到我们那句话，就是这么回事：**你用什么样的态度去回应他，远远重要于你具体回应了些什么。**

当然你还得克服一个问题，就是你有时候要学会闭嘴少说话，得忍住自己好为人师的本能，少教育别人该怎么做，让他的潜意识自动告诉他。

次数多了后，你们就会日益亲近。

同理，如果你想让别人更懂你，可以走进你，你要做的就是：少讲故事，多谈感受。你看一个人健谈的时候，他有多少词汇在讲故事，故事里有多少词汇在描述自己的感觉，你就知道他有多真实，多敞得开了。

○把我的脆弱交给你——如何做真实的自己

心理工作者们常常教人：你要试着做真实的自己。这个道理，我是同意的。但是经历了很长时间，我才开始知道如何做才是做真实的自己。

做真实的自己，就是首先要知道真实的自己是什么，然后才能做。也就是一个人首先是要跟自己有所连接，能触摸到自己的所有，并承认它。这包括自己的脆弱、坚强、优点、缺点以及其他方方面面。以前我觉得承认这些挺容易的，后来却觉得其实并没那么简单。

有的人不愿意承认自己的脆弱。我有很多案主都这样，当他们遇到问题或者困难的时候，他们的第一反应永远只有两个：寻找方案，然后解决问题；抱怨或指责他人，为什么没有做好。听起来这是个很乐观的人，实际上却不是。一个乐观的人，应该是允许自己有哀伤和脆弱的，并且不害怕自己脆弱，因为他坚信着这一切都会过去，并相信有人会帮助他。而一个要强的人却不是这样，他不允许自己有哀伤和脆弱，他只有看到问题，然后解决问题。在他的世界里，脆弱是没有用的，装可怜是无能的表现，所以他不会允许自己有这一面存在。

后来我跟他们探索到问题深处的时候，都会发现他有大致这样的逻辑，他们在孩童时期就会有比如父母等重要的人来给他不停地强化这样的观念：你要自己来解决问题；我不能帮你，因为我总不能一直帮你吧；没有人是靠得住的，你只能靠你自己。这些道理看起来没什么问题，但是却被极端化地印到了潜意识里，即：我是不值得被帮助的，我的世界里只有自己。连爸爸妈妈这样的人都不会帮我，谁还会真正的帮我呢？所以他们会学会只依赖自己，强行坚强。

强迫自己坚强就是一种脆弱。这种脆弱是：我只能通过交换得到别人的帮助，没有人会愿意发自内心地帮我。所以我在我的世界里是孤单的，只有我一个人。脆弱对他们来说，是不被允许的，因为那是没有用的。

也有的人因为这样的逻辑而不敢让自己脆弱：一旦我脆弱了，就意味着我比你低了，你就可以欺负我了，或者你就不喜欢我了、抛弃我了。这样的人也在重复他早年的创伤：对他来说非常重要的他人会告诉他你一定要坚强，你如果哭，我就不喜欢你了。所以他就学会了一种价值观：哭、装可怜、脆弱是不对的，我不能那样。我一旦那样，就不会被人喜欢了。因此我只能选择坚强和微笑。

而现实中我们却恰恰发现，一个没有脆弱的人，人们只会需要他，而很难走进他的心。

也有的人不允许自己有愤怒。在他们看来，愤怒会伤害别人，愤怒是没有修养的表现，愤怒是不对的、不好的。愤怒会引发冲突，而这是不可接受的。也有的人不允许自己表达孤单，在他们的世界里，孤单是不能被接受的，所以他们会拼命寻找各自刺激，参加各种活动来填补这个空缺。甚至有人不允许自己优秀，他们会认为自己不值得优秀，不愿意相信自己也可以优秀。他们觉得只有那个很差很挫很烂的人才是自己，而那个优秀的自己只会被贴上“这不算什么”“这只是少数人的看法”“这只是侥幸”的标签。

总有些软弱，让人们不愿意接纳自己。做真实的自己，就是接纳自己的所有，允许自己有所有的感受，而不是拿规条和恐惧限制它。允许自己可以受伤和脆弱，而不是通过假装没有来忽视它。允许自己有缺点和不好，而不是去责备和苛求自己。

其次就是要敢于向他人敞开自己的脆弱。如果你觉得敞开这个词过于文明，我们可以换一个——暴露。

暴露自己本来就是一件危险的事，同时也会是一件幸福的事。当然，当你先知道并承认自己脆弱的时候，你才有可能选择敞开和暴露。危险在于，当我们尝试向他人展示自己脆弱的时候，这种感觉就像是扒开自己的伤给别人看。结果就可能会遭到别人的无视或者嘲笑，甚至遭到别人的利用然后更受伤。但是你依然需要把你的伤告诉你信任的人，比如说你信任的朋友、伴侣、亲人，如此他们才知道如何帮你疗伤。

那个就是你真实的自己，你需要让他们知道，以让他们能够走进你。把你的脆弱、担心、害怕、缺点、软弱、差劲告诉他们，他们就会对你多一份悲悯、感动、帮助、理解和支持。因为一个从来不会软弱的人，是不需要别人理解的。

很多时候我们不敢敞开自己，就是害怕受伤。因为有敞开，就可能会有伤害。这个伤害来自于期待，我期待我告诉你的时候，你可以接纳我，而不是利用它或忽视我。

这取决于你对人的信任程度有多高。一个健康的人，敢于向自己的家人、亲人、好朋友暴露自己的脆弱，因为他们知道对方不会伤害自己，也不会因此而嫌弃自己，并且他们相信对面这个人可以给自己帮助和支持，这就是信任。这种感觉就像是——此刻，我把我交给你。但是不是所有人都有这种信任感，早期信任关系建立不良的人，就会对父母有所不信任，早年的时候父母都不能靠得住，长大后还敢靠谁呢？于是他们对所有人都会保留三分。

对于那些“我若不勇敢，谁替我坚强”“你若不勇敢，懦弱给谁看”

的人，我想他们是缺乏基本的亲密关系吧。一个拥有亲密恋人和朋友的人，是可以相信对方会接受自己的脆弱，并补充自己的缺失的。前提是，你有信任他人的能力。

保留的结果是保护了自己，同时也孤立了自己。这正应了那句“每个人都有一个死角,自己走不出来，别人也闯不进去”。只是这个死角有多大，你就有多孤僻；有多小，你就能得到多少温暖。当你保护自己的时候，没人能走得进来，他们只看得到你优秀、独立、坚强的一面，他们欣赏你，却无法走进你。

不愿意敞开自己软弱的另一个好处，可能就是我们依然需要维护自己的形象，让别人继续喜欢自己。有可能别人会嫌弃那个真实的自己。是的，的确有这个风险。但是你要记得，那只是对你的欣赏，不是亲密，所以你可以美美地满足于自恋，却依然孤单。对于这些人，我会觉得，离开也好，因为本来你就很优秀，不需要这些欣赏。你需要的，只是向那些真正在意你、喜欢你的朋友、恋人敞开你自己，这些人并不会因为你的不好而离开你，只会因为看到了你的不好而感觉你更加真实。因为他们是想跟你在一起，而不是跟你的“好”在一起。

别人走进你心里的方式，就是触摸到你的脆弱，然后为之感动，想保护它，并跟你连接在一起。最真实的东西，有时候不得不承认就是最脆弱的东西。像是果核里面的胚，外在的层层坚强，包裹着一个脆弱的心。

而这个决定权在你——你在你的死角里，你是否允许自己走出去，或是邀请别人走进来。

我们往往说：你若懂我，该有多好。他懂你的感觉是很好，只是你是否允许他懂你？你是否愿意走出你的死角，让他看到你的脆弱，然后让他来懂你？当然，你也可能有更高的期待：期待他能识破你这些伪装，然后打碎你的抵抗。然而我就不是很懂了：一面你拼命抵抗，一面你又期待他来打碎你的伪装。为什么要这么折磨这个想靠近你的人呢？

我会邀请你放下你自己，允许你做自己。所有的脆弱和坚强、优秀和软弱，都是你的一部分，这些共同组成了一个真实的你。这些都很好。如果你愿意将这些分享给自己信任的人，并信任越来越多的人，那么整个世界都会是你的。你有软弱，这并不代表你差，也不代表你会受伤。除非你继续评判自己，告诉自己这是不该的、那是不对的。

比如说我走过的历程，我曾经那么自卑，那么要强，那么受不了自己差劲，约个女孩子都要假装自己多么多么棒。后来我却发现，我挺喜欢自己的软弱的。我喜欢我长这么丑，喜欢我有无能的时候，喜欢我有做不到的时候，喜欢别人给予我帮助。当我对自己坦然的时候，我发现喜欢我的人，其实会变得越来越多。

当然你不要走入另外一个极端，心理这个东西，不可一概而论。另一个极端就是：刻意或过度展示自己的脆弱，用习惯性的装可怜博得同情和爱。不需要把你的脆弱展示给所有场合的人，比如工作关系的人和陌生人等，有时候你还是得保护一下自己以及装一装自己是很优秀的。

我把我的脆弱交给你，因为我愿意邀请你走进我。

为何我们意识里在追求优秀，

潜意识却在阻止自己优秀？

我曾经很追求优秀，当然现在也偶尔犯犯病。我很多访客也如此，玩命地追求优秀。不过追求优秀的人之间，是有着很大差别的。我不严谨地总结了一下，有以下这几种，如果你也恰好追求优秀，你可以看看你是哪种：

通过幻想实现优秀。我说幻想你不一定能同意，那我就再说得更贴切点：不爱努力、懒、静不下心来、浮躁、想一蹴而就、想不劳而获、想某天自己的潜能突然得到最大的发挥……现实中呢，这样的人很难做到脚踏实地。之所以称之为幻想，是因为这些“静不下来”“浮躁”的意思都是在说：我想通过简捷少付出甚至不付出的方式来获得极大的成功和优秀，我做不到但我特想做到，我就飘起来，浮躁。这不就是非精神分裂症患者的幻想吗？

有些人会好一些，克服了幻想，企图通过努力变得优秀，加班加点，拼搏拼命，把自己搞得十分凄惨，最后还只是混到温饱线上，然后感慨这就是生活，一点都不轻松。

但无论怎样，我们都企图从“不优秀”实现到“优秀”的跨越。这就意味着一个很严峻的问题：如果我一旦改变成功，我的潜意识还会认识我吗？所以我的潜意识要阻止我自己，继续活在这个魔咒里：我宁愿呆在舒适熟悉的感觉里，也不愿意成为一个好的但陌生的自己。

真实的优秀应该是这样的：通过自我实现来变得优秀。玩着玩着就优秀了。其实真正的答案应该是：我相信我本来就是优秀的，根本不需要什么东西来证明我优秀。我只是实现了真实的我而已。

事实远非如此。除非我们看到自己对于“不优秀”的糟糕现状到底有多迷恋和执着，才可能解除这个魔咒，发生真正的蜕变。否则所有的幻想和努力，都会被潜意识搞成自己很苦逼以证明自己其实就是不优秀。

如何解除，就要先回到一个本质的问题上来：我们为什么要优秀？

根据心理学的推论，这个最初的信念要在我们的原生家庭里来寻找，在你成长的环境里，你妈不断给你暗示“你不优秀”，然后再要求你“优秀”，以完成她好妈妈的自恋幻觉：通过我的教育，孩子变得多么优秀啊！这个说法很精神分析（有点夸张），但如果你嚼一嚼，的确如此，妈妈们会通过这样的方式来完成这个心理游戏：

当你犯错，她就指责数落你，情绪变得很差。这意思就是说你是不该犯错的，一次都不能；你犯错就是不好的，你只有改正了才是好的。

每当你达不到她优秀的标准时，她就用“别人家的孩子”之类的话来折磨你，说怎么回事呀，为什么考不好啊之类的。当你达到她标准的时候，她就给予你“不批评”和“肯定”这两种奖励。总之，只要你没做到10分，无论你做到的是5分，还是−5分，结果都是一样的。这叫作：你不值得被爱。

可能一：我不优秀，我还值得被接纳吗？

那么问题来了：一个人在长大的过程中，妈妈的肯定是多么的重要。因此人会坚定这样的信念：当我优秀到10分，我肯定会得到全世界的表扬、接纳。这个信念毫无动摇地被坚定着。所以我只要努力地优秀，我就可以得到我想要的一切爱。

优秀等同于被爱被接纳。这个信念被绝对化的时候虽然是非理性的，但是却根深蒂固。

等等，那，如果不优秀不好，我们是否还可以是被接纳被爱的呢？说好的无条件被接纳是否存在呢?

至少人在0～3岁的时候需要经历几年无条件地被接纳，如果这个时候没有得到，这个阶段就会卡住，人一生都会想着去修补。不优秀就是其中的证明之一。

我优秀了才被接纳那不叫真正的接纳，我不优秀的时候还有人接纳我才叫真正的接纳。我优秀你们接纳我我不稀罕，因此我的潜意识要保持自己不优秀来寻找你们对我的接纳。

于是潜意识就会故意让自己不能优秀，以企图再次证明自己不优秀也是可以被接纳的。

解决方案就是：你优秀与否，都不会有人看到你，这很悲哀。但你可以为自己做，当你能够接纳全然的自己的时候，全世界都会为你做。

可能二：优秀了就顺从了你，顺从了你就没有了我。

不得不说，妈妈对孩子的这种优秀期待是一种控制。因为她只在你优秀的时候表现出爱——至少从孩子的角度体验到的是这样的。有控制就会有反抗。反抗的意思是：你让我这样，我就要那样，以证明我是不被你控制的，以证明我是有自我的。

如果实现了妈妈的期待，在获得爱的时候，也同时意味着被吞没，没有自我，没有存在。存在感比爱是个更基本的需求。潜意识为了保护自己，会不得不放弃次要需求，先满足最基本的。

因此我不能优秀是因为你要我优秀。我优秀了你的目的就达到了，而我恨你，我不愿意让你得逞。精神分析里爱这么讲，所有的孩子对妈妈都是有恨的，对被控制都是抗拒的。但是我们的意识不接纳这种恨，所以我们就要以“我很爱妈妈呀”来掩饰对她控制的恨和反感。

再深入点说，可能还有：我要通过不优秀来报复你对我的不够好。我相信很多人有过类似的感受和经验。当我们长大后，我们变得理性了很多，但是我们潜意识中的这种报复并不会消失。

解决方案就是：你优秀与否，是你自己决定的。你可以勇敢地优秀，跟别人没有关系。你优秀的初衷，已经不是为了别人，而是为了你自己。

可能三：一旦优秀了，关系就到头了，意义也就没了。

人类与母亲的关系纠结复杂，爱恨交织。我们很恨一个人的时候，其实同时也很爱她而不愿意离开她。我们借助于违背她的期待，来维持和她的关系。

因为事件的结束，心理上会有对关系结束的担忧。

像是毕业考试结束后的联欢晚会，你在轻松的时候也会有失落感，因为要离开了，之前的关系结束了。我曾经有过一个访客，开始的时候他让我十分难以理解：他遭到了无比的苛求和虐待，但是当他父亲真的离开后，他反而陷入了失落，期待父亲回来。后来在督导后，我感受到了这句话的真谛：坏关系也要比没有关系好。

我也有过这种失落感：当我开始攒钱买房的时候，我突然发现之前没钱的时候想努力赚钱的憧憬、希望和快感都没了。

如果我们实现了我们梦寐以求的优秀，我们真的会开心吗？还是会陷入存在的孤独，感觉不到人生的意义？如此我们会不愿意实现优秀，以保持并享受奋斗的过程。

有时候你也能感觉到：奋斗的过程比结果更让人有快感。因为还有关系，还有希望，还有意义。

所以我们要追问自己：我在追求优秀的时候，优秀是终点吗？如果真实现了，我们的生活接下来将会去向何处？

可能四：我们不确定通过努力是否能优秀，但通过幻想一定可以。

为什么一面想努力，一面又拖延、懒、向外归因？当我们找到可以不努力的理由时，我们就会幻想：一旦解除了这些限制，我就可以马上优秀起来。

比如说：如果我年轻10岁，如果我不这么浮躁，如果我有时间，如果我可以……

通过这一系列的假装优秀，我们可以幻想着一旦优秀了就可以被很多很多人关注。

如果我不能确定我能做到100分，我就选择不做，如此就保持了我还可以做到100分的可能性。

解决方案：醒醒吧，意淫虽然很爽，但是真实的成果会让你更爽。只不过你需要做出一点努力。

最后要说：我们优秀是为了谁？

我知道很多人优秀的目的并不是享受优秀，而是觉得优秀了就可以得到很多人的关注和认可。

我们大多数时候追求的优秀都是一种自恋幻觉：仿佛我们优秀了，就可以得到全世界的关注、羡慕等心理资源。

可是你不知道吗？

很多姑娘不在乎你是否优秀，而在乎你是否有自行车后座。

很多人会说“再牛的肖邦，也弹不出来我的悲伤”，如果你优秀了你会剥夺他人的自恋感。

悲哀的现实就是这样的：

无论你多优秀，别人对你本质上的关注度也不会有什么变化，对你的喜爱程度也是如此。别人可能会增加很多对你客套的、表面的、利益性的关注，我想这会让你更觉得恐慌，更想证明：你们到底是喜欢我呢，还是喜欢我的优秀呢？

我会建议我们追求优秀，这是人的本能。不过是追求自我价值的实现，而不是追求优秀后被人看见。前者没有终点，一生都在享受；后者有终点，得到了就没了。何况，前者比后者更容易让我们优秀。

相信你本来就足够优秀，不需要向别人证明，选择去做让你感觉到有意义的事吧！

你没有被随时看见，但你值得被看见

有时候我觉得我没有朋友，没有人真正在意我。当我独处的时候，我会觉得孤单，甚至会觉得在这个世界上很多余。我觉得每个人都那么充实快乐地活着，而我却觉得自己似乎快被世界遗忘了，不会被人记得。电话没有响起，qq没有滴滴声，关机三天，再开机会发现——根本没有人找你。这是一种多么痛彻心扉的失落感。

当没有人主动找我的时候，我会很失落；当别人不够主动的时候，我会很失落；当别人不足够重视我的时候，我会很失落。

这种失落感在说：你并不被人们在意，你对于这个世界来说，并不重要。

当我去参加一个活动，或者去上某个课程，或者参加一个聚会，又或者到一个新单位时候，我常常难以开口，不知道怎么跟身边的人开启话题。有时候我会告诉自己该认识一下身边的这个陌生人，该多个朋友，该主动与人发生联系，但是我不知道说什么，常常不知所措。所以我会独来独往。他们互相认识，我和我自己认识。即使是旅游、坐火车的时候也是如此，我基本不会主动去和外人说话，自己干自己的。他们可以玩得不亦乐乎，但这肯定不会包括我。我总感觉自己格格不入，融入不了他们的欢乐。所以我宁愿躲在角落里默默呆着，告诉自己其实是我不愿意加入，以获得一点主动感。

以前我会把这种行为定义为我太内向，但是后来我却发现，其实虽然我嘴上不说，内心是有渴望的，是渴望别人主动跟我说话的。当有人主动跟我说话的时候，我会感到莫大的安慰。

我也怕那种主动找个伙伴去做练习，或者去拥抱每一个你喜欢的人的活动。我肯定会站在那里不动，等着被人选上或者剩下，我很难主动去找别人。我甚至会故意躲起来，并且给自己找个理由——是我不愿意玩，不愿意参加——以让自己感受到舒服点，而不是觉得被别人忽视。

有时候我觉得，我根本就不知道该怎么交朋友，所以我几乎没有朋友，所以常常不被人想起。

另一面，我又拼命地通过各种炫耀嘚瑟和在party中闹腾来刷存在感，通过把通讯录里搞出几千个人来营造自己是被关注的假象。

被关注，被看到，被需要，被喜欢，真的是一件非常美妙的事情。

总之，我希望可以这样：当我到一个环境里，我希望别人主动找我说话；当我一个人呆着的时候，我希望别人可以想起我并联系我；当我跟某人说话的时候，我希望他可以及时回复我；当我打电话的时候，我希望对方可以即刻接到。

然而我总是失败，因为我总是被遗忘。在群体中，我总不是他们的中心点。我只能在角落里安静地做个美男子。

后来我们做过很多练习，很多人对着一个人说“我看到你了”，被这么说的人会泪如雨下。我感动于人性的脆弱，原来我们内心中都有着这么多被人看到的需求。原来我们这么需要在别人面前证明自己的存在。

我们为什么这么需要被别人看到，才会觉得自己是存在的？我们为什么要在存在上都这么依赖别人？我们为什么需要他人的关注，才会感觉到好一点？

实际上我们真的没有得到过吗？显然不是。当我有困难的时候，只要发出呼喊，总会有人来支援。当我需要聊天的时候，只要弹起小窗，总有人陪伴。当在群体中，我主动去和别人说话的时候，总是不会被拒绝，并能得到热情的回应。为什么我们会需要别人“主动”看到我们？甚至要通过各种炫耀嘚瑟来刷存在感，证明自己是值得被看到的呢？

鲍尔比的依恋理论讲过依恋的形成过程，我觉得可以很好地解释这个过程：

小孩子在婴幼儿时期，对母亲是极度依恋的，因为他们需要被母亲看到，才觉得安全。他们也只有看到母亲，才觉得踏实。所以小孩子在最初期，他可以自己玩，但是一定妈妈要在身边。妈妈一旦超出了他们的视线，他们就会又哭又闹无法继续玩。这就是我们最初的存在感。再后来，小孩子长大些了，他相信妈妈一直在身边。有时候他玩起来的时候，就会不想让妈妈看到，会推开妈妈，但是他内心里相信妈妈会一直在身边。也就是他建立了一个信念：当我想自己玩的时候我就自己玩，当我需要妈妈的时候我只要一喊妈妈就会过来。所以小孩子有时候会不断地喊“妈妈”来刷存在感，以向自己证明妈妈是存在的。于是安全型的依恋就建立起来了。

习得安全型依恋的小孩会有这样的特征：不需要妈妈的实体在场，只要小孩子在心里相信妈妈一直在，他就可以很安心地自己玩。他相信自己一旦遇到危险，妈妈一定会出现来保护自己。相信自己一有需要，妈妈就会出现。他也可以看着妈妈去做自己的事，甚至离开一段时间，因为他相信妈妈始终会回来。

但是我们很多人都没有这么幸运。当小孩子感受到危险情境的时候，当小孩子需要妈妈的时候，妈妈常常都不在。甚至有很多妈妈，因为工作要出门，小孩子不舍得，她就趁小孩子睡着的时候偷偷离开，或者看着小孩子大哭而不得不忙自己的事。这对小孩子来说创伤就极大了：一旦妈妈离开了我的视线，就可能再也没有了。所以他有着这样的信念：妈妈只有随时在我的视线范围内才安全，一旦她离开我的视线，可能就再也没有了。他对妈妈并没有建立起安全的信任和依赖。这也就是不安全型的依恋。

小时候没有得到过的心理满足，我们是要穷其一生来填补的。

长大后，我们身边的人、我们的社会，就成了妈妈的象征。我们渴望从他们那里得到以前没有得到的东西。比如说，存在感。

当别人没有关注我们的时候，当别人在做自己的事情，过自己的生活的时候，我们在那一刻感受不到自己是重要的，感受不到自己是被关注的，就会觉得自己不值得被爱，不重要，就会感到很失落。只有他们主动关心我们、主动找我们、主动跟我们聊天、主动点赞，我们才感到自己是被关注的。而这，就是不安全型依恋的小孩，只有当妈妈主动关心自己、妈妈在视线范围之内的时候，我们才觉得自己是被关爱的。一旦妈妈离开，就似乎永远都没有了一样。

他人此刻没有关注我们，并不意味着不关注我们。因为当我们需要并表达出来的时候，就能得到关注，也能得到热切的回应。即使他们没有来得及热切地回应我们，至少会在心里重视我们。只是他们不是我们的妈妈，他们有自己的生活，不能把我们当作世界的中心，能够随时给我们关注。

而这一点甚至妈妈都不能做到。

当我们长大后，我们也可以去理解妈妈。妈妈除了孩子外，还有生活、工作以及她自己的世界。她很重视孩子，但却不能把100分的注意力都给到孩子。她有自己的悲伤、无奈、无能为力。她有着一个普通人具有的一切局限。她努力关注我们，但却总会失手。她没有接受过依恋理论的学习，没有掌握婴幼儿的心理规律，她不是育儿专家，不知道她做什么会带来哪些伤害。

所以我们注定从小就会经常感受不到存在感，经常会被忽视，经常会觉得自己不重要。

但妈妈的这些忽视并不意味着她不重视我们。我们长大了也是这样，他人也有着自己的生活、局限和悲哀，他人也有着自己内心里的那个小孩的渴望，甚至他人也很需要我们点赞和主动关注，也需要我们这个成年人来看到他。

即使你安静地坐在角落里，没有人看到、不被人注意、没有人点赞、没有电话响起、没有人主动关心你、没有人能秒回你信息，你都依然是值得被看到的。你是成年人，不再是那个随时需要妈妈看到的婴儿了。你和他人平等，都有自己的生活。但是当你真的有了现实需求，你会得到别人的帮助。这，就是爱，就是看见。当你拿起电话拨通每个朋友的电话去问：你记得我吗？你会想起我吗？我对你来说重要吗？我会被你忽视吗？你会得到一个个很肯定的答案。

你不需要一种幸福叫秒回，你不需要32个赞，你不需要别人主动跟你说话，你不需要别人主动关心你。这些都源自于你对于看见的匮乏，是幻觉。你很重要，你本来就很重要，所以你值得被看到。你只是没有被随时关注，但这并不意味着你不值得被关注。

因为你已经不是小baby，不需要随时被看到。

何况，你本身对很多人来说就很重要，虽然不是所有人。比如说你的父母、挚友、恋人、你能帮助到的人等等。

因此不要去问一堆“当我有困境，谁会第一时间记得我”之类无聊的问题，这些都充分说明你需要一个妈妈随时注意到你。

问题是，在等待被人看到的时候，你看到你自己了吗？

○他拒绝或否定你，有时候是因为他眼睛

1

在生活中总是会遇到很多玻璃心的人，他们脆成了这样：

你不太敢拒绝他的要求，所以有时候你需要委屈自己满足他。因为你拒绝他，他就会觉得自己不够好，会很伤心，很难过，很崩溃。

你不太敢表达自己的意见，因为怕他受不了，怕伤害到他。所以你的主见、看法都会憋着，没有办法跟他交流。因为你知道如果你指出他哪件事做得不好，或者你直率地向他表达自己的意见，他就会觉得自己整个人都不够好了。

借东西被拒绝，表白被拒绝，做了件事被指出来有不够好的地方，作品被网友们骂了，某个东西被同事嘲笑或被朋友嫌弃了。这样的事情，在我们每个人的生活里都无数次发生着。

当你表达需求，总会有人拒绝你。当你做了一件事，总会有人否定你。没有人可以完全肯定你、接受你、满足你，因为你不是这个世界的中心。

这是一个很常见的现象，然而总有人理解不了。在面对拒绝、否定、批评、被人指出问题的时候，他们想的不是反思或改进，而是动不动就觉得自己不够好，觉得很受打击，觉得自己不被爱了，觉得自己一无是处，什么都做不好……

2

总是觉得自己不够好，这首先是一种自恋，什么事动不动就要跟自己扯扯关系。这感觉仿佛像是地球爆炸了，美国地震了，小猫怀孕了，都是因为自己不好导致的。

我曾经和他们探讨：为什么你害怕被拒绝和否定？我发

现他们把一个小小的拒绝或否定在自己的世界里进行了无限放大。

他们期待：别人从来都不拒绝或否定我，所有人都可以接受我。一旦我表达期待，我就要被满足，不然我会很受伤。

他们从来不关心别人为什么拒绝或否定他们，不去核对、不去询问、不去调查、不去面对现实，只是陶醉在自己的世界里幻想并坚定着“都是我不好”这一个原因，然后自怨自艾。

他们在自己的世界里根据自己的经验构建着“都是因为我不够好”的逻辑，然后把这个想法强加给别人，认为别人也是这么想的。然后他会对拒绝和否定他的人产生一种很深的潜在敌意、失望和怨恨，想默默离开他。

他们看起来自卑、焦虑、畏缩、胆怯，实际上这是一种伪装，他们有强烈的对别人的控制欲，期待别人可以无条件按照自己所需来满足自己。

这是婴儿般的自恋。

3

你做了一件事，别人否定了你，除了可能是因为你做得确实不够好以外，还可能是因为他眼瞎，他智商低情商低，什么商都低。

我们遇到过太多这样的人：喜欢盯着别人缺点而看不到优点，嘴里只有批评而较少有表扬。他们对人、事、物的标准极高，一般的东西都入不了他们法眼，所以他们评价某部电影、某个作品，首先能看到这个作品哪里不足。他们能迅速发现缺点并指出。

总有些人这样，尖酸，刻薄，高标准。如果你遇到了这样的人，你太容易被否定了。

也有的人天生不具备同理心，无法共情到别人那脆弱的玻璃心。他们心直口快、口无遮掩、界限分明。对自己有利的、符合自己口味的他们就接受，反之他们就拒绝和咒骂。他们只是很有界限而已，跟你好不好没有关系。

难道你不能满足他们的胃口，就是因为你不够好?

还有的人会用否定、批评、指责、拒绝来表达爱，他们希望你更好，但是他们没有直接表达的能力，他们不得不用相反的方式来表达。比如你从小到大听到过的“这次怎么回事，怎么又没考好！”实际上只是希望你下次考得更好。

有时候则是因为你太好，而他人的潜意识里看不得你比他更好，所以要趁机打压你。有些吃不到葡萄的人就是喜欢说葡萄很难吃。

有的人否定或拒绝你，只是因为他今天被领导骂了、被狗咬了、没睡好觉、被老婆罚跪榴莲了等等。他也很可怜，而你恰好撞枪口上了。

总之，别人拒绝你或者否定你，这和你本身好不好没有多大的关系。这是两件事，有时候有关联，有时候没有。即：

他拒绝或否定你，有时候是因为你不好。

他拒绝或否定你，有时候是因为他不好。

他拒绝或否定你，有时候是因为你太好。

他拒绝或否定你，有时候是因为天气不好。

他拒绝或否定你，有时候无关于谁好不好。

4 为什么你会不愿意看到其他可能，只看到“我不好”这一种可能呢？

我发现害怕被别人拒绝和否定的人，都是自己都不接受自己的。他们先否定了自己，才害怕被别人否定。他们自己都嫌弃自己，才怕被别人拒绝。

自己对自己的否定和嫌弃已经够多了，他们无法再承受多一点点了。所以别人的否定和拒绝会让他们那么难受——因为那是压死骆驼的最后一根稻草。一点点的否定和拒绝，对他们来说，不是一件事，而是一条命。所以他们才会对否定与拒绝反应过度激烈。

那你说是骆驼杀死了自己呢，还是稻草呢？

他们内心深处，先有了“我不够好”“我不值得”的想法，然后开始了处处求验证。凡是那些长得像的或有点痕迹的，都被他们看出来“我不够好”。别人只是给了一个引子，验证了他们内心对自己的评价。

别人的语言，只是激活了他们已有的部分。是他们自己先否定了自己。

当我去呈现他们的原生家庭的时候，我也会发现，他们那被否定的童年里有太多的创伤。在长大的过程中，常常受到批评、指责、拒绝、否定。他们即使做好了，也会被权威们找到不好的地方，然后被指出来加以否定。权威们即使找不到可以否定的地方，也不会去表扬和肯定他。

当一个小孩子在一万件事情上都持续受到负面评价却几乎没有正面评价的时候，很自然就上升到了“我这个人不好”的层面上。这个概括总结，简单而有力。

这样的环境下长大的孩子，就会对否定和拒绝极其敏感。因为已经承受了太多，不能再多了。

这种“我不够好”“我不值得”的感觉就被深深地烙在潜意识里了，然后作为一个理由反复地去解释我为什么会被否定和拒绝。这感觉太熟悉了，太踏实了，太亲切了，太有安全感了。

5

可是你还是长大了，你不再是那个被随意贴上“都是因为你不够好”的标签的小孩了。所有人都和你一样，有着自己的无奈和创伤，有着自己的残缺和短板，他们或者满足你，或者不满足你，有时候是因为自己的创伤无法填补而丢给了你，而这跟你好不好没有多大关系。

而你内心被否定的伤，他无法给你填补。你只能靠自己。你想要的肯定，可以自己给自己。

你否定我，是你的事。只要我不否定自己，没有人可以否定得了我。在这个渐渐认识客观现实的过程中，你就慢慢学会了自信。

自信，就是我选择表达自己，并允许自己被否定，这不代表我不好。开朗，就是我主动发出邀请，并允许我被拒绝，这不代表我不好。

当然这并非盲目自信乐观，自我陶醉自我欺骗，而是睁开眼，去看看到底发生了什么，然后决定我可以做些什么更好，而非一味沉浸在“我不好”的想法里。

○成功的恋人和成功的父母是一样的

1

常闻在亲密关系里的挫伤和失败都来自因“你不懂我”而做出的“你不爱我”的结论。在伴侣关系里，人们常常对对方有个期待：当我没有告诉你的时候，我也希望你可以知道我想要什么，并且能够主动满足我。

当这个期待得不到满足的时候，他们就会做出形形色色的举动来证明爱，或者放弃爱。

比如我的一个案主，当她离婚的时候，她问了丈夫一句话：“你到底爱过我没有？”丈夫坚定地告诉了她：“不爱你怎么会娶你呢？”于是她难过地离婚了，觉得从来没被爱过。

比如我见过的很多初婚夫妇的争执。男的觉得我为家赚钱，付出了那么多，女的一点都不理解，而觉得心凉。女的觉得男的过于冷漠不管不顾，就知道忙自己的事儿，觉得自己不被他爱。

比如关系里有人生病的时候，他会期待对方可以主动倒水，主动关心他等，但是伴侣没有这么做。当他去要求对方这么做的时候，伴侣也会照做，但他还是会感觉很不好。比如有的女生希望男生主动做些什么，但是男生没有。情感专家会建议“你想要就去要啊”，女同学们还是觉得要来的没意思，那不是爱。

比如热恋中的男女在“今晚吃什么”“情人节有没有送花”上数次争执赌气。男生的木讷和不解人意能让女生目瞪口呆，女生的作和繁琐也让男生瞠目结舌。所以他们才呐喊出“你若懂我，该有多好”的呼声，觉得“我并不在乎物质，我只想有个人能懂我”。

在我刚开始学心理学的时候，我觉得这些人都有问题。因为他们活活地把爱情给作没了，他们沉浸在自己的世界里，单一化了爱的渠道，固执地用自己能接受的方式来索取爱。后来我帮助他们打开了爱的渠道，他们看到了爱其实一直都在，不必证明，只是自己被蒙蔽了双眼。比如我上面说的案主，当我给她做了一小段时间的咨询，她悔不当初。在她的世界里，爱不直接表达，就不是爱；而在她老公的世界里，爱说出来要比做出来难100倍。

2

我们都把自己从原生家庭里带来的模式和缺失放到了亲密关系中，于是每个人都学会了不同的付出和表达爱的方式。当这个方式有差异——而且通常差异是必然的——的时候，他们之间就有可能产生冲突。

很多人小时候因为各种原因，比如父母忙碌、孩子较多等原因没有被过多的关注，就会导致自己也不相信自己是值得被关注的，而不断想从伴侣那里获得关注，不断索取和证明自己是被重视的、被关注的。一旦他得不到，就像当年觉得父母不爱自己一样，觉得伴侣不爱自己。

因此某种程度上说，我们找到的伴侣，就是找到的另外一个父母。心理学家说，我们长大后和他人的关系，都是在重复早年和父母互动的模式。亲密关系作为人际关系的升级版，尤为如此。当年我们怎么体验到“不被爱”的，我们就会从伴侣类似的行为中体验到同样的不被爱。

当这些人来到心理治疗室的时候，心理咨询师会对来访者作一个评估：他们的父母在他们小时候没有做什么？哪些是好的父母该做的事情而他们的父母没有做的？比如小孩子应该是被重视的、无条件接纳的、安全的、被赞美的、被认可的、被看见的、被及时满足的。但是他们的父母没有做，这时候治疗师就需要再为他们做一次，让他们意识到，他们是值得被满足的，从而修通他们的经验，进而修通他们感受到爱的能力。

因此治疗师们常说：成功的治疗师和成功的父母做的是一样的。成功的治疗师只做两件事情：① 评估来访者的父母当年什么是该做的但没有做。② 这些事治疗师做了吗？所以接下来很常见的“移情”就会发生：来访者很容易爱上治疗师。

你不能说这种爱情是假的，他是来访者身上切实的感受。爱就是这样一种满足感，你感受到和另外一个人在一起的时候，全身都被点亮了一样，心里暖暖的，因为有了另外一个人整个世界也变得有意义起来。

基于这些原因，一直感觉不被爱的人可以找治疗师来做修通。但是如果这些人没有机缘来到治疗室，他们是否就活该被情感伤害呢？

当然不是。既然治疗师可以做，真正的恋人，为什么不可以做好这些从而自行维护感情呢？

在爱情中也是亦然，把握好治疗师能做的那两件事情，你就是个好的恋人。你要去知道你面前的这个人，他经历了哪些伤，哪些缺失；哪些是他从小就没有得到的，但却是一直都需要的。心理学家普遍认为，人的心理在发展过程中，相应的心理需求没有得到满足，就会被一直延续下来，在其他客体身上寻求满足，那个最靠近他的恋人就会首当其冲。因此你需要知道，这个伴侣他缺了什么，需要什么。当他与你产生冲突的时候，他必然是在以他的方式索取他需要的心理营养。那是他变相了小时候哭喊的信号。

3 对于父母来说，并不是每天24小时陪伴和满足着孩子才是好的爱。依恋理论认为，小孩子并不需要父母每天24小时的陪伴和满足，只要在他需要的时候，母亲可以出现并给予他这些就够了。

我有一个案主，她对伴侣极度不信任，占有欲又非常强。需要伴侣时时陪着她她才安心。不在一起的时候信息要秒回，要天天打电话发短信才觉得自己是被爱的。我们探讨到她的幼年的时候，她谈到经常不敢睡去，一旦睡去后醒来就会看不到妈妈，她使劲哭，哭了好久，妈妈才满身怨气地回来。我们的常识告诉我们，小孩子睡觉醒来第一件事就是找妈妈，在确认妈妈的存在后他才觉得安全。当他找不到妈妈的时候，他就会顿时觉得世界不安全了起来，好像自己被抛弃了一样。这个案主就这样，她无法自行确认妈妈的存在，所以长大后对伴侣的陪伴和在视线可控范围内的需求就很强。我给她做干预的时候，几次都会在她体验到自己被抛弃的时候，给予她“别怕，我在”的讯号。其实她男朋友如果能够多一些耐心让她意识到“别怕，我在”的时候，她的这种占有欲就会降低很多。相反，她男朋友一直烦不胜烦甚至不愿意回信息，经常有意无意地躲避她，这只会增加她的不安和被抛弃的感觉。

因此好的恋人要做的第一件事就是：知道对方需要什么，并准备好给他。

实际上她妈妈也不需要每天24小时陪伴她，完全可以在她睡着了的时候该干嘛干嘛去。问题就是：你要预感到小孩子什么时候醒，并及时回来。这就说到了另外一个关键点：敏感性。

一个敏感的妈妈是能觉察到孩子的需求的，往高级了说就是“连接”“心有灵犀”。妈妈会下意识地看看孩子在不在身边，确认他的安全，会隔段时间就想看看孩子怎么样了。她能及时地意识到孩子此刻需要什么。当孩子还没有学会说话的时候，她就知道什么时候该喂食，什么时候该抱抱。只要孩子发出一个小小的信号，她就知道该去满足他了。

在爱人之间，是有这种敏感性的。母亲对小孩子的爱很明显，热恋中的爱人也是如此。热恋中，你能及时觉察到对方需要的是什么，并愿意去满足。爱久了也是如此。你看那些多年的亲密夫妻就具有这个特点，他们眼神一动，就知道彼此在想什么，需要什么。他们结婚的时间越长，越懂得彼此的眼神。在我课上的一个学员就曾经说：我老公一回家，我看到他的背影，就知道他今天心情怎么样，大概发生了什么。实际上这种敏感性是可以而且很容易做到的，只是需要你真的去用心培养。用心的基础就是——你爱他吗？你愿意走进他吗？

当你不愿意的时候，就会去责怪伴侣：你不说，我怎么知道呢？

他不说，你也是可以知道的。你知道的途径有很多，比如利用你的敏感性。他自己告诉你，只是最偷懒省劲的知道方式。

敏感性就是你知道了对方需要什么，并在适当的时机去满足对方。再比如当伴侣觉得不安全的时候，你要告诉他你一直在。当对方感受到不爱的时候，你要向他展示你是一直爱着的。在对方需要的时候，表达出的爱是事半功倍的。因此我们也有理由说：维护爱情，往爱箱里存款，并不需要做太多事，也不需要消耗得自己精疲力竭。你只需要在对的时候做了对的事就够了。

所以我依然有另外一个结论：知道对方是怎么想的，完全是可能的。

很多情感专家教育说不要把对方当成你肚子里的蛔虫，能知道你怎么想，能知道你要什么。妈妈可以知道孩子怎么想、要什么，心理师可以知道病人怎么想、要什么，作为无比亲密的恋人，有什么理由不知道。所谓的不知道，大抵只是不想知道，不想走出自己的世界，对对方保留一定的埋怨和指责。实际上当你真的很爱一个人的时候，你愿意走出自己的世界，真正去理解他和他的缺失，并且愿意满足他。

我相信爱是可以超越价值观的不同的。

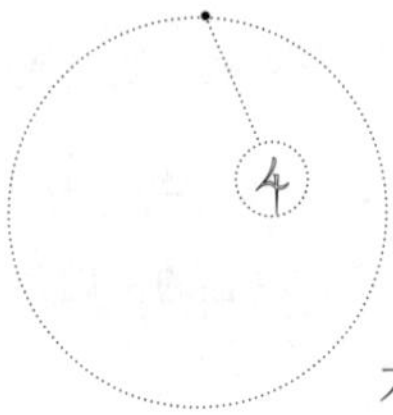

当然这并不是你苛求另一半的理由，当他没有意识到你的心理需求，不具备敏感性的时候，并不是他不爱你，只是他没有学过如何去爱。他是一个爱人，但却不是一个成功的爱人。我们这里所谓的成功的恋人，是和成功的父母一样，做的事情，是为了促进彼此关系和谐，能够促进对方成长的人。

如果你的伴侣不是一个成功的恋人，你可以：先成为一个敏感的恋人，觉察他童年幼年缺失的心理营养，教会他敏感，如何去爱。或者你也可以：换了他，来找我（如果你是个漂亮女生的话）。

很多人还会计较：我不是你的妈妈，我只是你的爱人。你妈妈欠你的，不该我还。道德上来说，无可厚非，你不该承担这些。但是实际中，他妈妈欠他的，他妈妈不还，他的心理师不还，只能你这个恋人来还了。谁让你要爱他，跟他在一起呢?

〇成熟即背叛

1

如果我先说，成熟即自由，可能相对好接受些。一个成熟的人，必然是一个独立的个体，有着明确而灵活的自我界限。也就是能知道哪些事是该做的，哪些事是不该做的，并能根据情境来调整这些规则。

实现灵活的自我并不是一件容易的事情，很多时候我们都被自己内化的界限所禁锢，却从未知道，我们为了忠诚于这些规则付出了惨痛的代价。

比如说“粮食不能浪费”。有一次我和一个朋友一起吃饭，当我吃饱了停下等他的时候他还在吃，还说着好撑呀。然后我就问他：为什么你明明说着吃饱了嘴巴却还在吃呢？他说，因为没吃完，不能浪费呀。我瞬时间意识到，他的标准与我不同：他结束吃饭是靠吃完碗里的饭，我结束吃饭是胃发出stop的信号。我不得不佩服他的意志力，同时也表达了一下担忧：这个盒饭怎么会比你的胃还重要？

我想那些成功的人，也是具备这些品质的：能折磨自己致死，以满足自己的标准。

最后我问了一句：你就从来没想过，“饭不能浪费”“人要节约”，可能是一个错误的观点吗？

当然这个观点本身没有错误，只有灵活不灵活。我也很节约，不喜欢浪费。但我会在我的身体和能力范围内尽量做好，比如说合理地点菜，但不会强迫自己要为“人不能浪费粮食”这个规条服务，当我发现我实现这个规条代价有点大的时候，我就调整规条以适应身体。但我发现这个朋友是委屈身体适应规条。

再比如说，我还有个朋友工作很认真，很努力，经常熬夜加班。我看着都心疼，经常提醒他别这么拼，不要折磨自己。他却告诉我说，他也不想这样拼呀，但是没办法。我就好奇怎么会没办法呢？他说，没办法，领导交代的。于是我看到了至少3个规条：

领导交代的工作一定要完成。

做事情一定要认真。

人一定要努力。

我也弱弱地问了一句：你就没想过，领导交代的任务可以不完成吗？也没想过，人可以工作不认真吗？人可以不努力吗？

他说从来没这么想过，也不敢这么想，觉得那是不负责任。那你就没想过，“人一定要负责任”也可能是错误的观点吗？我怕我被骂，所以我没敢问。我知道我会遭来很多唾弃：人怎么可以不负责任！怎么可以不认真完成工作！我这么说，并不是在鼓励大家不积极完成领导交代的工作。而是要让大家看到自己积极的极限在哪，并知道为这个积极付出了多大的代价。

记得一个IT男在23岁毕业的时候，他老板跟他信誓旦旦地说：到我们公司来吧，虽然薪水少，但是你成熟得快。两年后，他发现领导对了，因为他25岁的时候看起来像45岁的人一样成熟。

然后我就想：你领导真的需要你这么拼命熬夜伤身地完成这个工作吗？他需要的可能是你保持好自己的精力，能够表达自己的主见，有高质量的工作成果，而非拼命的工作量。你的“认真”“一定”“努力”，可能只是一厢情愿。再者，你妈妈看到你这么拼的时候会作何感想？你这么照顾领导和工作的时候，怎么就舍得伤害妈妈和自己呢？难道真的是工作和领导比妈妈和自己更重要？

显然不是，是这几个规条比自己和妈妈都重要了。

一个灵活的自我应该是这样的：我积极完成领导交代的工作，我尽力了但没有完成，那就不完成吧。我可以认真，当我不够认真的时候，就不认真吧。我可以努力，但当我今天累了不想努力的时候，我就放过自己吧。

我根据情境判断出最优的方案：在伤害自己和伤害领导之间，选择出我最想选择的。而不是从来未看到选择。即使我依然选择了伤害自己，那我也看到了这是我选择的结果，不是领导的错。

3

再比如我们的网络自我成长课，有个同学在第一次课上表达出很担心大家嫌弃她，怕自己融入不了群体。然后我对她发出了一个疑问：你一定要融入群体吗？一定要努力做到不被大家嫌弃吗？

当她开始反思这两个问题的时候，焦虑就随之降低了很多。

其实我在搞心理的过程，就是这样不断质问自己的过程：搞心理学一定要科班出身吗？上个课一定要准时不能迟到吗？一定要认真听讲吗？一定要努力才能实现目标吗？人一定要有目标吗？我一定要实现不拖延吗？人真的不能给别人添麻烦吗？人真的要处处照顾别人的感受吗？人一定要跟身边的人搞好关系吗？

我发现我坚持了很多不该的坚持，而这些坚持让我付出了太大的代价。比如当一个朋友等我的时候，我会手忙脚乱赶时间，怕他等太久心烦，实际上人家根本没有在意多等几分钟，是我自己在为“不能给别人带来麻烦”的规条而焦虑。比如当我跟舍友闹矛盾的时候我也会焦虑，当我进入一个新的群体不能融入的时候我也会焦虑，为了缓解这些焦虑，我做了太多不需要做也代价太大的事：小心翼翼说话做事，紧张，给他们买东西、做服务来补偿……

而这些并不是真的在为结果服务，只是为了满足自己归属于内化了的“一定要怎样”的规条的心安。

我们是如此地忠诚于这些“一定要怎样”的规条，而从未反思过：它们可能是错的，可能不是必要和一定的。

而一个灵活的自我，就是不断反思这些规条，让它们灵活起来。它们可以成为价值，但不再是禁忌。价值的意思是，我想选择努力、认真、守时、勤奋、节约，这是我的美德，但我会根据情境去判断要不要去做以及做到多大程度，这都是我所选择和我所决定的。我执行我的美德，我觉得我是个有价值的人。我没执行的时候，我也不是一个不好的人。

灵活的自我需要不断反问自己：我为什么要做这些，为什么要这么做？

这也是自由。

而一个僵硬的固化的自我则是：我没有执行这些规条，我就是不好的。为了缓解“我是不好的”的焦虑，我要牺牲自己付出巨大代价来执行规条，以让自己心安。

成熟的过程，就是不断怀疑一切，然后重构一切的过程。这也是不断建立自我的过程，不断去回答“我是谁”的过程。这就意味着，我们需要创造一个独一无二的自我，我的界限是什么，我的原则是什么，我的选择是什么，我改变的尺度是什么。

而这也同时意味着：背叛。

背叛我们从小学会的一切绝对正确的东西，重新进行反思并加工，根据自己的实际情况进行内化整合以让它们成为自己的。小时候那些老师、家长教会我们的道理，都不再绝对适用，我们都需要重新加工，留下适合自己的，摒弃不适合自己的。

当我在授课的时候，我经常会听到：因为你是权威呀，所以要听你的呀。因为你那么说了呀，所以我要那么做呀。因为你是老师呀，所以你说得对呀。

每当听到这样的话，我都感到毛骨悚然，后退两步。心想我长成这副loser样，也能被当成权威？所以每次我开课的时候，我都会提前说：我这几天讲的都是错的，除非你知道如何理解或反驳。

除非你知道如何选择适合自己的生活方式，不然你一直生活在对于规条的忠诚中。而忠诚的雏形是：婴儿对妈妈忠诚，因为婴儿需要妈妈的保护。虽然你长大了，但是你需要安全感，需要别人为你负责，需要被保护，所以你的潜意识就在执行那些曾经让你觉得安全的规条，以假装自己还可以得到保护，并不受惩罚。

就像你小时候只要不浪费粮食，只要听话，只要认真努力，你就可以免于惩罚，幸运的话还能得到奖励。虽然你长大了，但你依然用那种心境在过着婴儿的生活。

背叛也是孤独的。因为你会发现没有一个规则绝对适用于你，这也意味着你将和所有人都不一样。和别人不一样，是非常孤独和令人焦虑的一件事。但是你一直知道的是：每个人都要成为独一无二的自己，独一无二的意思就是你本来就和别人不一样。

5

但你也不要怕，你可以这么想：

你和别人不一样，是因为你是独特的，而不是因为你错了。

成熟即自由，自由即孤独。因此成熟即孤独。

孤独的另外一层含义就是：一个人就是一个世界。当你能够燃烧自己的世界，构建自己的世界的时候，一些奇妙的事情就会发生：你会吸引到很多人，因为你是一个有个性、有自我、有想法、有原则但不僵化的人。

关怀强迫症：

不是所有的“对一个人好”都叫爱

1

对于什么是爱，我们最能想到的和常常做的就是努力对一个人好。我们所谓的爱一个人，就是倾己所有去对他好，甚至愿意付出自己的生命，把对方视为自己的生命。我们通常认为关心和关怀就是一种爱。然而这种爱并不是所有时候都被珍惜，甚至有的时候都不被接受。所以才有了这个千百年来无数人在爱恨情仇里纠结了无数次的话题：我对你这么好，你为什么都不懂得珍惜？

这种爱包括无微不至的关怀与问候、时时刻刻的陪伴与提醒、省吃俭用而给予无尽的财富、不让其受一点委屈、经常性的表达爱之语等。这种爱被他们放大到了极致，爱的结果却是不尽如人意。

2

一个妈妈会在秋天刚刚到来的时候，就展开了秋裤大战，想尽包括“断网炖肉逼婚”等招数让子女穿上秋裤，招招毙命。她会为了满足子女的胃口而挖空心思做他想吃的各种菜，会为了知道他喜欢什么而费尽心思，然后一直做直到他吃吐为止。她会各种关心伺候子女，生怕自己没有照顾好孩子有所疏忽。

我见过一个妈妈曾经为了照顾孩子，把工作跟着孩子考学的城市走。也见过一个妈妈每天会陪着孩子写作业到很晚，她陪伴的方式就是孩子不睡她也不睡。孩子说妈妈你不用陪我了先去睡吧，可是她就是要在一边看着才心安。可想而知，这个孩子在做作业的时候，会有怎样的压力。这样的压力下，他能安心做作业吗？

一个恋人也是如此，会在感情与婚姻里鞠躬尽瘁，会为了讨好百般周折，会含在嘴里怕化了，捧在手里怕掉了。也有的恋人每天都会关心对方睡得如何，吃得如何，身体如何，方方面面无微不至。我还见过一些恋人，更多的是男人，他们会觉得你要什么我都给你，宝马车给你开，给你买你想要的任何东西，为什么你还不满足。女人也会如此，我什么都给了你，为何你不珍惜。

当我们听说别人是这么关心人的时候，或许我们能有些意识到这些爱是不健康的。但是当这发生在自己身上的时候，我们似乎难以跳出自己的视角而去观察这份爱到底是怎样伤害了人。

3

这种关怀强迫，俨然已经上升到了病态的程度。甚至有了专业的词语叫“Co-dependency”，即“关怀强迫症”，特指依赖别人对自己的依赖，喜欢关怀别人，不去关心别人自己就难受。

强迫关怀是病态的，并且是自恋的。例如食物是好东西，但是你硬要给一个吃饱了的人嘴里塞，就是一种伤害了。对于一个只是口渴的人来说硬要给他食物，这也是一种伤害。强迫关怀症们最喜欢把自己认为是好的和对的东西强行让对方接受，而毫不顾忌他人的需求程度和需求内容。在他们的世界里有着这样滑稽的信念：

我认为是好的，你也必须认为是好的；我认为所有人都需要，所以你也会需要。

他们会把自己的观点先自我泛化到全世界都是这样的，让自己站到道德和理论的制高点，找到归属感，然后再通过认为他们也需要，就把这种他们自认为全世界通用的标准再加给所爱的人。这是人类最初的自恋行为，遵循“我怎样，世界就怎样，他人就怎样”的逻辑。

4

显然对他人的关怀如果离开了尊重和理解，关怀就会沦为自私。没人喜欢被强加。我们每个人生来不同，都会有着自己不同的经验以及不同的需求。当一个人被强迫关怀的时候，就会出现两种动作来实现自我保护：反抗或者是顺从。

对于反抗很显然而易见，这种强迫关怀是过度满足，对于过度我们就会本能反抗。更重要的是它剥夺了人基本存在的自由。我们每个人都需要基本的心理空间来独处，再亲密的人也需要有一点自己的时间和空间来感受自己的存在。并且，当一个人被关怀的时候，他接收到的不仅是关怀，更是期待。关怀者会对被关怀者产生他能变得更加优秀、过得更好之类的期待。因此他感受到的是双重压力：剥夺存在自由和强加的期待。

例如被妈妈陪写作业的孩子，当一双眼睛在旁边的时候就会感觉到不自由，当偷懒或做不好做不快的时候也会产生内疚，怕辜负了她的期待。

恋人也是这样，当“吃了没”“吃得好不好”的关心被重复的时候，被关怀者就会不想接受，觉得失去自由，感到窒息般的心烦。同时拒绝的时候又会产生心理压力，怕伤害到对方。

所以这时候他就会想反抗，当反抗的力量大于内疚的时候，就会选择逃离或抛弃。这时候被关怀者的反抗只是一种达到阈限值后的自我保护。

这是非常常见的现象了：你如此关怀我，我却想离开你。

5

当反抗的力量不足以应对内疚的时候，我们就会转而折磨自己，就会沦为顺从。毕竟我们不能长时间地接受自己通过内疚来折磨自己，这样对自己伤害更大。为了应对这个内疚，被关怀者就会淡化自己的真正需要，甚至发展出自己的这部分需要，退化自己的某部分能力，来适应关怀者给出的强迫关怀。如果不能拿掉这个强迫，那他宁愿牺牲自己的自我照顾的能力和自我检查需求的主见，这样就可以避免内心冲突，还可以维系和关怀者的关系，从而完成另外一种自我保护。

6

关怀者有一种强烈的需要：我一定要给出关怀，并且要求对方接受。这就是关怀者的需求，他们需要给予对方关怀让自己心安。进一步说，他们需要通过给出关怀来证明自己是有价值的，是被需要的。因此他们有一个很深的需要需要对方来满足——“被需要”的需要。

这个逻辑如此之绕，以至于意识常常懒得绕出来，但是潜意识里很清楚。于是被关怀者就在这种糖衣炮弹的威胁中选择了抵抗或者妥协，来应对关怀者的需要。

关怀者如果不能实现关怀，就会陷入焦虑中。他们会觉得自己不被认可或者毫无价值，他们会不断地检查自己是不是错了或者是不是做得不够好，或者进入另外一个极端：指责对方为什么不珍惜，为什么不知好歹。

为什么对他那么好还要无尽地伤害他。或者怨天怨地，泛化到这个世界上所有的异性都是不好的，老天爷对他一点都不好云云。而焦虑和惶恐，正是自己的需要无法得到满足或评估了无法得到满足后所有的心理表现。

一切以“关怀”为目的的关怀，都不是真正的关怀。正如当你为了帮助别人而帮助别人的时候，并不是真正的帮助，那都是自己的需要。真正的帮助和关怀有两个共同的特点：知道别人需求的内容和程度，并在他人舒适的程度上给予。我愿意给出，但不强求对方接受。

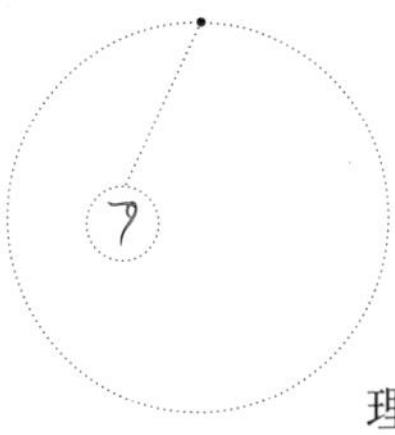

因此在给之前，有一样东西就显得格外重要：理解他人。千百年来，人们都无数次为这个功课而挣扎，理解看起来那么容易，做起来难度却超乎我们想象。因为理解他人就意味着要打破自己的自恋：我不是世界的中心，我没有掌握绝对的真理，他人跟我不一样。

这无疑是令人难以接受的。这意味着要放弃自己坚守几十年的观点。并不是所有食物都是好的，甚至并不是所有人都觉得食物很重要。并不是所有时候给别人很多钱花就是爱，甚至并不是所有人都觉得钱很重要。但这也并不是毫无规则可循，对于爱的对方来说，有着比这些现实需求更深层次的需求：情感需求。

情感需求如此扑朔迷离，让人难以把握。其难度远远超出身体陪伴、物质付出、生活照料等现实层次的关怀。

情感需求包含了对方所需要的温暖、赞美、认可、鼓励、心灵陪伴、归属、安全感、理解、连接、自由、价值等，而每个人的每种需求、程度和形式都不一样，因此你需要懂得他的心理需求，才能真正去实现关怀。那才是爱。

都说女人是一本读不完的书，因为对于多数女人来说情感需求远远大于现实需求。即使那些天天嚷嚷着只需土豪和钱的女人也不例外，她们只是不再相信有人能再满足她们的情感需求转而从物质需求上满足她们对于情感的需求，比如安全感。人们或许在某些时候非常需要现实需求，但是这种需要一旦被满足后，分分钟就会上升到情感需求。因此你可以暂时满足他的现实需求，却不能把这种现实需要视为唯一的永恒的需求。

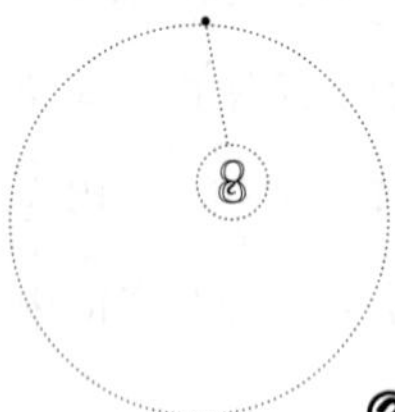

因此真正的关怀，首先要打破两个执着：

① 打破自以为是，哪怕你认为这是全世界的人都会有的需要。

② 放弃认为对方需要的现实关怀多于情感关怀。

简单点说就是：走出自己，才能懂得他人；懂得他人，才能真正关怀他人。

盲目地关怀，只是满足自己的需要，那是关怀强迫症，并不是爱。真正的爱的结果是连接，绝不是远离。

○ 在亲密关系中做个成年人

1

在小孩子长大的过程中，他会尝试把自己的自我功能外包给妈妈。对于很小的小孩来说，妈妈替他做一些事，要远远比自己做容易得多，并且不会出错。比如说妈妈替自己收拾房间，妈妈替自己爱自己，替自己安慰自己受伤的心等。

一个健康的妈妈，应该是敢于去不满足或者说适度满足她的孩子的。从婴儿呱呱坠地开始100%地需要妈妈的满足，到孩子长大成人，妈妈的功能都是在渐渐减弱的，直到孩子能够在生活和心理上都独立，不再需要她。

但是这两种情况的发生，会让孩子无法发展出他的自我功能：

妈妈承包过度，婴儿发现自己只要喊妈妈就可以不用自己完成，如此人通过呐喊就可以得到满足，而不用自己做了。长大后别人没有像妈妈一样照顾他，他就会愤怒。

妈妈毫无承担，婴儿几乎未享受过被满足的感觉，就使用幻想的机制在幻想的世界里被满足，并把这种幻想投注到每个靠近他的人身上，得不到满足的时候就启动原始愤怒，怨恨别人为什么不满足他。

2

在亲密关系里的冲突中，多数都是因为自己没有办法照顾自己，希望伴侣能给他们照顾。可是伴侣没给他，所以他就生气或者失望了。也就是因为企图把自己的自我功能外包给伴侣失败而产生的冲突。其实这就是人在长大的过程中所需的心理营养没有被满足或需要被阉割，长大后强迫性重复了当年的模式。

比如我一个案主，已经是个很优秀的女生了，但她一直找不到想要的男朋友。找到了也一直换，不想换后就偷偷发展了俩，不含备胎。她很惊慌地找到我说，她总能找到喜欢她的这些男生的缺点。勤奋的觉得没钱，在大城市没有背景靠单纯的奋斗太难有希望；富二代有钱，万一他父母倒了坐吃山空了我怎么办；做生意的害怕，万一哪天他被查了我怎么办；她所有的担忧都在围绕着一个点：这些男生没一个可以满足我对于安稳生活的需求。于是我问她，为什么不自己去创造呢？她说女生呀，当然要靠男人。

对于她来说，自己需要的安全感和富足的生活是不能自给的，需要外包给一个伴侣来满足。

我还有一个案主，她很介意老公对女同事一点点的好。她常说的话是：他对每个人都好，那我对他来说有什么特别的啊。所以她表现出强势、控制，让老公十分反感、胆怯和压抑。于是我问她：你能找到自己的独特性吗？

后来我们在咨询中发现，她不能找到自己的独特性，不能肯定自己存在的价值。所以她需要从伴侣那里寻找确认，希望伴侣的证明来感受到自己的一点独特。

我也曾经习惯把我的自我功能外包给他人。以前我告诉自己，我找女朋友的标准只有一个：当我和她一起走到大街上的时候，别人会看着她指着身边的我说，这女的怎么会看上他啊。因为我渴望优秀而又无法确认自己的优秀，就会期待伴侣优秀来感受自己优秀。

那时候我不懂得照顾自己，所以喜欢成熟的、年纪比我大的姑娘，会很迷恋她们对我的照顾。然后在一起相处并没有多久，我无所不用其极地作，就把关系作死了。我的作主要表现在：希望她可以给我一些安慰、关注、及时回应，可以帮我做做饭、洗洗衣服。是的，我找了个妈。我没有办法照顾自己，我把我对于爱、关注、认可、回应的需求都外包了出去，她需要给我这些并要给足剂量，我才觉得心安。

分手后的那段日子我是无比煎熬的，整个人被掏空了，有想死的冲动，直到被我的治疗师所拯救。在我的咨询师那里我领悟到：

一段健康的关系应该是两个独立的人的相遇，然后我们借助于彼此完成生命的延伸。即我有100分，你有100分，我们在一起后成了200分。而不健康的关系是：我们有一个人只做了半个人，另外一个就要被迫成为一个半人，承担起你那一半的生命。即我只有50分，我期待你给我50分让我完整。

而你的潜意识又会不想被控制或不相信有人能为你的人生负责而抗拒。因此当另外一个人替你做这些的时候，你也不会因为全然地信任他而把自己交给他，会通过各种作和证明来企图保持独立。

所以失恋之所以痛苦，是因为失恋不是失去了一个人，而是失去了半个自己。

当我看到这样的模式的时候，我开始决定走出来，成为一个独立的人。我开始学习洗衣做饭折衬衣，我开始学习控制情绪应对愤怒与失落，开始自己鼓励自己，开始认可自己相信自己是优秀的值得的。那时候我第一次尝试想成为一个独立的人。

然后我开始感谢那段关系，如果不是被抛弃，我可能会一直作下去，企图让她承包起我所有的自我功能，直到承担不起。而我也一直不知道自己其实还没长大。

从痛苦中走出来，也会让我欣慰。这是一个长大的过程，首先不必去抱怨对方的残忍或者不完美了，因为对方本来就不该承担你的这部分自我功能。而她替你承担了那么久，本来就是一件多出来的部分。正如萨提亚说：

不要因为我的离开而悲伤，要为我曾经来过而庆祝。

因为那本来就是界限之外，你多得的。

那是我第一次体验到想从一个小男孩成为一个真男人。一个成年人，首先是要独立、完整、自我界限清晰的。也就是说，成年人的基本特征之一就是为自己的想法、需求、感受、情绪负责。这是属于自己，在自我的界限内的，所以要为自己负责。

3

然而这并不容易，我见过很多人都企图把自己的情绪外包给他人，企图让另外一个人来改变以照顾自己的情绪。并且他们会把自己内心的匮乏用暴力或装可怜的形式展现出来，企图从对方那里得到满足。如果得不到，就愤怒或受伤。

把环境和他人理想化也是如此。很多人其实没有在恋爱，他们只是在跟一个可以满足自我的工具恋爱。他们不能接受对方和环境的不完美。我有好多个案主都如此，总是期待换个环境会好一点，换个人或遇到个人也许就不这样了。这些都是企图把自己的自我功能外包给环境和他人，希望借此得到满足。当你在抱怨对方为什么不对你做什么的时候，你就可以去检查一下：你为自己做了吗？那本来就是你该为自己做的。

这样一来就会被问道：那找个伴侣有什么用？

伴侣绝不是替代你的自我功能的工具。心理学家说，爱自己，和谁结婚都一样。这其实是想说，我们本身就是100分，遇到谁都会更加的完美，只不过是150分和200分的区别。但对于我们自身来说，都是足够的。如果没有伴侣，你是100分，有了伴侣你会更加完美而已。

也就是伴侣对你来说是雪中送炭的刚需，还是锦上添花的美丽。

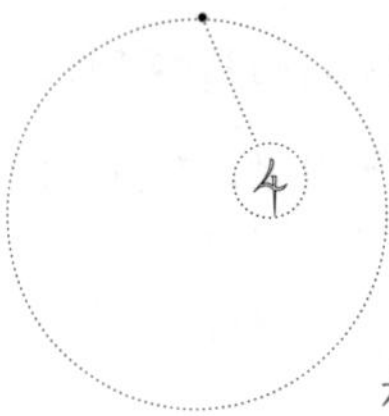

如何判断自己是否是100分的呢？当你没有或假如你没有一个伴侣的时候，你是否依然可以活得怡然自得？当你面对不完美的环境，工作中出现困境的时候，你是能自我拯救自我突破还是期待外在会改变？当你感觉到悲伤难过愤怒的时候，你是希望别人来为你负责，安慰你，保护你，还是可以自己照顾好自己的情绪？当你觉得活得很累没有归属感安全感的时候，你是想拼命抓住一个人，还是可以发展出“人在，心在，梦在”的自信、“天下之大，四海为家”的勇气、“心安之处即吾家”的安宁？

我们自我的不完整，终究是想找个人来替我们活出来。可是我们又无法全然地把自己交给他，我们就忐忑地交出去，然后证明、失败、冲突。或者直接找不到这样一个可以承包我们的人。

于是我们需要先成为成年人，然后再在关系中相互成长。

5

成为成年人是痛苦的，不仅需要为自己负责，而且还会屡屡受挫。当我开始学做饭、折衬衣的时候，我觉得这么大个人，怎么这些都不会。当我受伤受委屈自己舔舐伤口的时候，我也会想到为什么没有一个人可以给我安慰。这就像是小时候我们开始学走路、学穿衣一样，会跌倒，会穿反，我们会讨厌自己的无能，期待妈妈可以替我们去完成。但终究我们还是自己学会了，并一生受益。

你依然可以去找一个人去替你活出你的自我，把你的自我功能承包给他。只不过这就像是你妈妈扶着你走一辈子，替你穿一辈子衣服一样。你的生活是更加痛苦和无趣的。因此成长之痛虽痛，我们依然要去经历，这是早晚的事。当然也有人一生都磕磕绊绊吵吵闹闹当了一辈子半个人，始终没有独立。只是我会觉得独立的天空，更加自由和美丽。

成年人的世界非常美丽。你会发现当你不需要把你的自我功能外包给另外一个人的时候，你才开始去欣赏这个人。之前你都是把对方当作了满足你的工具，你的索取、付出都围绕着他如何给你。你开始真正看见对方是个人，有不完美和脆弱，甚至你发现那些不完美和脆弱的存在组成了独一无二的他。这就是真正的爱一个人作为人的存在本身，而不是再爱一个被你理想化的工具。

我的那段关系过去那么久后，直到现在的某天当我蓦然回首，我发现作为一个人格独立了很多的男人，其实我是喜欢年轻漂亮的姑娘的，有满满的爱想去给到另外一个人，而不是再想从别人那里拿到什么。

两个成年人的相遇是美丽的。因为我们本来就是两个个体，融合、分开。我们彼此平等，自我界限清晰，又相互扶持、扩充。

有你的时候，我更加美丽，心怀感激。

没有你的时候，我依然完整，安然存在。

能吵架的关系才是健康的关系

憋着。

很多人跟我说他们不喜欢冲突，害怕吵架，所以他们小心翼翼地维护着某段关系。但我们的观察却是，当他们害怕冲突而选择忍气吞声的时候，对于关系的和谐并没有什么用，甚至埋下了一颗不定时的炸弹。他们会以不想给对方造成伤害为由选择不吵架，结果却造成了更大的伤害。不知道你会不会同意这几句话：

我宁愿你对我发火，也不愿看你有话憋着不说。

我宁愿你有话直说，也不愿你因为怕伤害我藏着掖着。

我宁愿你跟我吵架，也不愿意看你冷漠地把不开心写在脸上。

每个人其实都一样，有话不说的伤害，其实比吵架的伤害更大。曾经有人问我，你搞心理学搞得这么好，你是不是不会生气呀。每当听到这样的话，我都会骄傲地说：不，我喜欢吵架。

让人们关系破裂的，从来不是吵架，而是不敢吵架憋着，憋着就有了隔阂，隔阂就产生距离。如果吵架能让关系破裂，那么憋着不吵，关系就会更容易破裂。

心理学带给我的改变之一，就是让我从一个不敢吵架的人，变成了一个热爱吵架的人。

有次听一个老师说：“吵架跟做爱是一样的。”这句话贯穿了我，让我更加喜欢与人吵架，每次吵完，我都有种过瘾的感觉，然后哈哈一笑握手言和，又气又爽。

2

吵架是一种激活生命的体验。

当你专注精力做一件事情的时候，你必然是兴奋且享受的，因为它激活了你的生命，让你在燃烧在绽放。吵架就是这样一件事情，它把你平淡的生活激活了，让你死去的身体活过来了。所以你会发现，那些常敢于大声吵架的人，他们的生活是充满激情和活力的，他们活得舒畅且自在，虽然他们会骂骂咧咧，但他们真的活得通透。反之那些不敢吵架的人，你会发现他们形容枯槁、死气沉沉、没有生机，活着像死了一样，经常让你有想揍他的冲动。因为不敢发生冲突的人，也就不敢激活自己，不敢专注，他们屏蔽了自己的体验，抽离了自己的注意力。他们潜意识里怕自己控制不住情绪，所以要选择抽离，这一抽离，会顺带着把关系中的全部都抽离。所以不敢吵架的人，经常会给我们漠然的感觉。

那种漠然就像是性压抑一样。你看一个性开放和性压抑的人，前者就是比后者有活力，虽然你要以后者更道德的名义表扬他，就像你会以“脾气好”的道德去表扬一个脾气压抑的人一样。然而你只会欣赏，不会喜欢，更难以靠近。

做爱的体验也是一种激活，让你全身心都投入，调动你整个身体，专注于跟另外一个人的互动。你观察一个人的生理反应你就知道，吵架和做爱的生理唤起是极其相似的，他们只是激活生命的不同形式而已。

人在生活单调无聊的时候，也会想吵吵架，激活一下自己，证明自己还活着。弗洛伊德的说法是，人会通过吵架用嘴巴来释放自己的性能量。

吵架是真诚沟通的一种方式。

我想我们从来没有像在发怒的时候那样敢于把所有的话都说出来，敢于把之前一直不敢说的话都说出来。我们对一个人的抱怨、不满、期待统统会在这时候做一次真诚的表达。是的，之前我们可能不敢，因为我们会在理智上权衡再三要不要说。经过理智加工的语言就像是谈判一样，这对于社交还好，但是你亲密的人这么对你，只说该说的，不说不该说的。你会有什么感觉?

生气的时候你的情绪会暂时给你的理智打一针麻醉，让你情感的部分直接推着你的话语开始流露，你此刻说的话就是在用心说的且毫无遮掩，在这样的状态下你可以完全表达自己。

生气的时候不仅能把所有的话都表达出来，而且还能把情绪也都大胆地表现出来，一举两得。

因此不敢吵架是一种不真诚。不吵架的意思就是：我要用理智控制住语言，考虑什么该说，什么不该说；说什么是对结果好的，说什么是不利于结果的。你能跟这样的人亲密吗?

你可以说：那可以好好说啊，干嘛要用吵架的方式。

对于人们的交流，通常有3个层次：

① 好好说话。

② 吵架说话。

③ 冷漠不说话。

我同意你，最好的沟通方式是①，然而这个能力不是人人都能在所有时候都具备的。当① 失效的时候，人就会进入② 。当② 发展不出来或失效的时候，就会进入③。你要求一个人能随时都好好说话，对他来说无疑是个巨大的要求。

4

吵架是一种高浓度的交流。

萨提亚提倡一致性沟通，如果你能把自己的感受、内心的想法心平气和地说出来当然最好，但显然人们难以做到，这需要建立在完全信任对方、有着足够连接的基础上，才可以抛却理智不顾完全敞开表达。

现实是我们即使再亲密，也难以有非常深的连接和对对方的高度关注。可是我们亲密，我又需要跟你产生深入的连接，需要你给我更多关注。

于是你会发现：当你轻轻表达好好说话的时候，力度是不够的。要么对方注意力不集中，要么不当回事听到了重视不起来，要么直接听不进去。这时候你会发现双方是在沟通，但是专注度、连接度都远远不够，所以我们就需要加大沟通的力度和强度，来增强两个人的连接，就像是你买了很沉的东西，一个袋子太薄，可能力度不够，这时候你就需要增加个袋子来增加负荷力。

于是潜意识需要我们把平时的沟通声音变大、情感变浓、投入变大、专注度变高，其表现形式就是吵架了。

5

吵架才是跟一个人在一起最好的方式。

你不会跟这3种人吵架：

① 比你低很多的人。

② 比你高很多的人。

③ 不想跟他产生关系的人。

如果你不跟面前这个人吵架，基本可以找出以上3种理由，这代表你不想跟他有高浓度的连接。人们常说，生你气是因为在乎你，这是不无道理的，因为只有我认为你跟我平等，且我想跟你产生关系，才会跟你吵架。

所以你可以大声地承认：我看得起你，认为你和我平等，才跟你吵架，就像我想跟你做爱一样，想把我的情感高浓度地倾倒给你。

事实也是如此，你跟亲密的人吵完后，会有一段沮丧期，但长期观察来看，你会发现你们的关系是更近的。就像做爱结束了你会感觉累、无趣甚至不想碰这个人，但过了恢复期后你会发现关系是更亲密的。

你也会发现那些吵吵闹闹一辈子的夫妻，关系是嵌入很深的。相反那些不吵架的人，关系疏离得很。只有潜意识里对你没兴趣，不想产生关系才不会和你吵架。

跟陌生人吵架，也是如此。虽然你在意识里找不到理由跟他在一起，但你不要急着反驳，细细品味，你就能感受到虽然陌生，那也是一种想跟对方产生关系的冲动。

本质上说，人在两种前提下会吵架：我看得起你且想跟你靠近；你跟我靠得太近但我想有点独立空间。

吵架是种自动调节关系的手段。第一种前面说了，第二种就是我们的亲密程度一旦超过了自我界限的警戒值，我们就会自动地通过吵架来疏远一下关系。妈妈也是这么通过凶孩子来完成与孩子分离的，你会发现那些从来不凶孩子且对孩子无比亲密还引以为豪的妈妈，她们的孩子是长不大的。

跟一个人在一起就是：我们亲密，无话不说，但不过度亲密，保持一定独立。亲密过头了潜意识就会驱动吵架来自动调节。

如果你不让自己吵架，就像是阉割了身体的汗腺一样，汗腺能根据环境自动调节体温，虽然汗这个东西像吵架一样不怎么让人喜欢。

不敢吵架或吵架会受伤是一种不信任。

有时候我们害怕吵架及吵架之所以会伤害到我们，只是因为我们自己的心理创伤。吵架可能会激发你被抛弃、被否定或不被爱的创伤体验。

比如你幼年时候当你爸妈吵架，就没人顾得了你，于是你等于被抛弃了。当他们吵架，他们却不能放开来吵，那没释放完的情绪就会留给你享受会儿：“怎么还不去写作业”“怎么又在看电视”“你看你爸（妈）这种人”“都是因为你，我才……”

所以伤害你的有时候不是他们吵架，而是他们没吵爽，没吵完，压抑了一部分剩下给了你。

你会把这种恐惧深藏起来。长大后每当面临吵架，就会激活你潜意识里早年被植入的“我不够好”和“我不值得被你一直爱”的信念。因此吵架才会让你觉得受伤。

你会受伤，只不过是你蒙蔽了双眼，沉浸在被否定的恐惧里，看不到爱。你妈没有告诉过你“你很棒”和“我不会离开你”，你就不这么认为。这是你对自己的不信任，不相信自己是值得被爱的，不相信自己是足够好的，不相信自己是有力量的。

并且会假设这种恐惧别人也有，认为别人跟你一样脆弱不堪，怕伤害到对方而不敢吵架。

这也是一种对对方的不信任。不相信他有能力承担你的情绪，不相信他并不会因为吵架而离开你。这完全是你的自以为是，因为你没有能力承担。如果他最后离开了你，必然是因为你的冷漠、不爱等因素，很难是因为吵架而离开。

受伤或不吵架也是对爱本身的不信任，你不相信你们的情感连接，不相信爱的持续性和稳定性。更不相信你们那么多的付出并不会毁于一次吵架。

7

放过情绪吧，它只是一个司机。

你需要区分。情绪只是帮助表达的工具而已。你可以让情绪经由你而不必停留。你只留下了他向你表达的内容，而让他的情绪飞走。你可以想象这个画面：

你最爱的人非常想来见你，跟你亲密做爱。于是他嫌走路慢而打车来了，这时候你迎接他，只留下他就好了，并且对送他来的司机说声谢谢，然后让司机从你身边走开。你总不能留下司机一起做爱吧。

情绪就是带他的话语来的工具，帮助他向你表达了某些内容。他借助情绪对你倾注了更多情感，表达了更多内容。

你从来都没有被否定，也不会被抛弃。情绪虽然会带来些许伤害，但从长期和整体来看，吵架是一种促进关系的行为。就像运动会带来酸痛，但那是健康的，我们不应该害怕运动会带来损伤就不运动了。

不信，你信任一下自己试试。

如果你不想变成一个活死人，如果你想跟他人建立更亲密的关系，就大胆地吵架吧！你会激活自己和对方，你也会迅速推进关系，虽然它也许会让你产生关系被推远的错觉或激活你曾经的伤。但是当你不再把吵架与被抛弃、被否定关联起来的时候，你会爱上吵架，那是你们表达爱的绝妙方式。吵完了，然后欢颜一笑，因为你们依然相信爱还在，哪能那么轻易就没了。

人们有时候需要吵吵架来表达一下爱，当然爱这个东西，哪种表达方式都要有个度。没有或过度，都是一种伤害。吵架也是。

能吵架的关系才是健康的关系。我们都喜欢跟亲密的人吵架，跟陌生人客气。潜意识这么选择，是符合一定规律的。